农村能源建设与零碳发展

◎ 王久臣　李惠斌　刘　杰　主编

中国农业科学技术出版社

图书在版编目（CIP）数据

农村能源建设与零碳发展 / 王久臣，李惠斌，刘杰主编. --北京：中国农业科学技术出版社，2021. 10

ISBN 978-7-5116-5514-1

Ⅰ. ①农… Ⅱ. ①王… ②李… ③刘… Ⅲ. ①农村能源—能源利用—研究—中国 Ⅳ. ①F323.214

中国版本图书馆 CIP 数据核字（2021）第 197595 号

责任编辑 李 华 崔改泵
责任校对 李向荣
责任印制 姜义伟 王思文

出 版 者 中国农业科学技术出版社
北京市中关村南大街12号 邮编：100081
电　　话 （010）82109708（编辑室）（010）82109702（发行部）
（010）82109709（读者服务部）
传　　真 （010）82106650
网　　址 http: // www.castp.cn
经 销 者 各地新华书店
印 刷 者 北京建宏印刷有限公司
开　　本 170 mm × 240 mm 1/16
印　　张 11.75
字　　数 215千字
版　　次 2021年10月第1版 2021年10月第1次印刷
定　　价 78.00元

《农村能源建设与零碳发展》

编委会

主　编：王久臣　李惠斌　刘　杰

副主编：李冰峰　徐文勇　裴占江

　　　　王　粟　史风梅　任雅薇

编　委：于秋月　李鹏飞　高亚冰

　　　　刘晓红　樊耀斌　张首超

前言

进入21世纪以来，随着国际社会关于全球气候变化问题讨论的不断升温，中国的温室气体减排压力也日益增大，加之中国自身的内在需求，共同决定了中国必须走低碳的发展道路。在低碳经济大行其道的国际大环境和我国高碳能源结构仍占主导的国内环境下，如何积极开发利用农村清洁能源，调整农村能源结构，推进农村节能减排，进而实现中国经济又好又快发展具有重大的现实意义。本书通过实地调研、材料收集、专家咨询、案例分析等手段，总结并提出了农村能源建设与零碳发展的意义，了解国外农村能源建设发展现状；同时，结合我国农村能源零碳技术发展现状及潜力，分析农村能源技术与零碳发展模式典型案例，并提出了具体建议。该项研究对我国农村能源建设及零碳发展将具有重要的借鉴意义。

首先，本书总结了农村能源概念及范围，梳理了我国农村能源政策法规，提出了我国农村能源建设存在的问题、发展方向、目标及发展建议。本书结合零碳发展的概念，分析了农村能源零碳转型发展的问题及障碍，分析了农村能源技术零碳建设的可行性及重要性，确定了农村能源技术与零碳发展的实施路径。

其次，本书通过对柬埔寨、菲律宾、泰国、印度尼西亚、越南、老挝、缅甸、马来西亚、印度、巴基斯坦、俄罗斯、罗马尼亚、伊朗等国外一些国家农村能源利用现状的调查分析，明确了各国农村能源建设与零碳发展方向与需求，为中国农村能源技术向国际推广合作奠定了理论基础。

最后，本书根据我国区域特色、经济水平，资源禀赋及零碳技术发展现状，梳理了农村能源建设历程、消费现状与特征，总结了农村能源资源分布、潜力及农村能源技术现状。本书具体分析了太阳能热利用模式、生物质气化集中供能模式、秸秆打捆直燃集中供暖模式、厌氧发酵产沼气模式、农村户用清洁炉具模式、分布式可再生能源发电模式、“煤改电”的热泵利用模式、农村建筑节能模式等农村能源技术与零碳发展模式案例，并提出了农村能源建设与零碳发展的建议。

本书符合《中共中央关于制定国民经济和社会发展第十四个五年规划和二〇三五年远景目标的建议》以及开展农村人居环境整治行动和美丽宜居乡村建设的战略和政策，通过一系列的项目活动，为中国农村节能减排和零碳村镇建设提供了发展建议，为中国政府推动农业农村领域碳达峰、碳中和的目标探索了有用的经验和方法。同时本项目的实施，将为发展中国家村镇节能减排、零碳发展提供技术支持与分享，推动全球范围农村地区村镇节能减排的发展，为国际零碳村镇建设提供经验。

本书是编者在多年调查研究的基础上总结撰写。本书参考或引用了大量相关文献，其中大多数已在书中注明出处，但难免有所疏漏。在此，向有关作者和专家表示感谢，并对没有标明出处的作者表示歉意。

本书的出版由农村社会事业发展专项经费项目“农村人居环境整治技术服务与提升”（2130126）和全球环境基金（GEF）——“中国零碳村镇建设促进”项目（PIMS 6431）共同资助完成，在此一并表示诚挚的感谢。

本书理论联系实际，是农村能源技术研究和开发利用的参考书，也可供农村能源工作者参考阅读。尽管本书在撰写过程中力求逻辑严谨，内容充实，但由于编者水平有限，时间仓促，书中缺点和错误在所难免，恳请各位专家、同仁和广大读者及时批评指正，以便今后完善。

编　者

2021年8月

目 录

农村能源建设与零碳发展的意义

1.1 农村能源建设的意义

1.1.1 农村能源概念

狭义的农村能源仅指农村应用的能源。广义的农村能源是指农村范围内的各种能源以及从能源开发至最终应用过程中的生产、消费、技术、经济、政策和管理等问题的总称。广义的农村能源涵盖了农村地区的能源消费、生产及当地资源的利用，即为农村地区的能源供给与消费，包括农村地区工农业生产和农村生活多个方面。在我国，农村能源主要有生物质能、水能、太阳能、风能、地热能等可再生能源，以及国家供给的煤炭、电力等商品能源。我国是一个农业大国，农村能源问题涉及全国近一半以上人口的生活用能供应和生活质量问题。具体包括生活用能与生产用能两个方面，其中，生活用能包括炊事、取暖、照明等，生产用能包括种植业、养殖业用能及农产品初加工用能等。我国农村能源生产主要包括生物质能开发（沼气、直燃发电、成型燃料、液体燃料等）、太阳能热利用（太阳能热水器、热泵、太阳房、太阳灶等）、小型电源（包括离网型太阳能光伏发电、离网型小型风力发电、微水电）等。近年来，农村能源产业总体表现出良好的发展态势，生物质发电和成型燃料产业技术有较大的进步，沼气产业步入转型升级新阶段，太阳能热利用产业继续保持稳步发展，小型电源产业方兴未艾。

随着我国经济的快速发展，环境污染和能源利用问题变得尤为突出。保护生态环境、实施大气污染联防联控、减排二氧化碳（CO_2）、加快开发可再生能源是全面推进我国能源革命的重要内容。农村能源作为我国能源体系的重要组成部分，开展农村能源变革对于综合解决能源与环境、能源与农村发展的问题，实现能源发展方式由粗放型增长向集约型增长转变变得尤为重要。2018年9月26日，中共中央、国务院正式印发《乡村振兴战略规划（2018—2022年）》，对实施乡村振兴战略第一个五年工作作出具体部署。其中，在加强农村基础设施建设中明确提出要构建农村现代能源体系，因地制宜建设农村分布式清洁能源网络，开展分布式能源系统示范项目。

农村能源技术开发是我国生态文明建设的内在要求，是我国能源革命的重要组成部分，更是乡村振兴战略、全面建成小康社会的重要内容。深化推进农村能源建设，实现农村能源低碳转型发展，是优化农村能源结构、实施大气污染防治、消除农民能源贫困、提高农村用能效率、保护农业生态环境的重要手段。如何高效开发利用农村可再生能源，完善地区能源供应基础设施，推广农村节能技术，也逐步成为时代的新命题。农村能源技术开发既包含农村能源的开采与利用，又包含节能以及服务工作方面。农村能源技术开发对农村的发展有着十分重要的影响。

1.1.2 农村能源发展建设的意义

进入21世纪以来，随着资源环境问题的不断加剧，加快能源转型、构建可持续和稳定的能源供应系统已成为我国社会发展的重大挑战。“三农”、农村能源和生态环境是相互影响、相互依存和相互促进的关系，只有做到相互间的平衡发展，农业才能获得长期、稳定、可持续发展。作为当今世界上最大的以农业为基础的能源消费国，发展农村能源是调整农村用能结构、保障能源安全、保护生态环境、应对气候变化的必然选择。

1.1.2.1 农村能源建设与能源贫困

农村能源建设落后是导致当地经济落后、贫困的一个重要因素。为所有居民提供安全、价格合理和现代化的能源是经济增长以及解决贫困问题的关键。由农业经济向工业化和知识型经济转变是经济增长的非常重要的途径。经济和社会发展往往与能源转型相互影响。经济越发达，对传统能源生物质能的依赖程度就越低（这些生物质通常是非商业性的并用于低效炊事），而电能消费量则会相应地增加。随着一个国家向更加现代化和多样化的经济体系转变，这个体系利用技术进步对农业、工业和服务有更大推动作用，它将使用更多的能源，并最终将更多的能源用于生产性用途。因此，能源贫困对制约经济的可持续发展起着至关重要的作用。

1.1.2.2 农村能源建设与农村居民健康

农村能源建设落后会导致农村居民健康受损。在经济较不发达的国家和地区，受制于区域能源贫困，由于天然气、电力等能源的匮乏，当地居民常使用固体燃料等传统的生物质能进行烹饪或取暖，或使用蜡烛、煤油和其他污染燃料进行照明，其会释放出高浓度可吸入颗粒物，进而危害人体健康，固体燃料燃烧导致的室内空气污染已成为全球十大健康风险之一，全世界每年约有280万人因此过早死亡。

1.1.2.3 农村能源建设与性别公平

农村能源建设落后会降低妇女儿童的福利。在发展中国家，女性主要负责收集和准备烹饪燃料以及烹饪本身，每天平均花费1.4小时来收集家庭所用燃料，这显著减少了她们参加教育培训、就业及其他有收入的生产性活动的机会。此外，缺乏清洁、现代的炉灶和燃料，以及依靠传统的生物质烹饪技术也意味着妇女和儿童受家庭空气污染的影响最大。提供现代、负担得起和可靠的能源，可改善妇女和儿童的福利，并为妇女提供新的经济机会及为儿童提供更好的教育环境。

1.1.2.4 农村能源建设与气候变化

农村能源建设与全球气候变化环境问题息息相关。20世纪以来，随着世界经济的迅速发展，工业化和城市化进程加快以及化石燃料等不可再生能源的过度开发利用，导致大气中CO_2等温室气体剧增。全球气候正在发生巨大变化，气候变化已经成为世人瞩目的全球性环境问题之一。气候变化正直接或间接地对自然生态系统产生影响，如气温升高、冰川缩退、永久冻土层融化、海平面上升及其他极端天气。此外，在大多数发展中国家，尤其在一些贫穷地区，大量居民将固体燃料等传统的生物质能作为主要生活燃料，这也加重了温室气体的排放，极大地破坏了森林资源的可持续发展，进而引起土地沙漠化且破坏了当地的生态环境系统。开发水能、风能、太阳能等清洁的可再生能源以及普及清洁炊事可有效缓解气候变化，解决清洁能源替代与电能替代问题，对农村未来的发展有着重要的意义和影响。

1.1.2.5 农村能源建设与低碳经济

随着国际社会关于气候变化问题讨论的不断升温，我国的国际减排压力也日益增大，加之我国自身的内在需求，这些因素决定了我国必须走低碳的发展道路。在低碳经济大行其道的国际大环境和我国高碳能源结构仍占主导的国内环境下，如何积极开发利用农村能源，调整农村能源结构，推进节能减排，进而实现我国经济的又好又快发展具有重大且现实的意义。随着工业化进程的加快，化肥、农药、农业机械等的大量投入，使得农业能源的消费量不断增加，农业能耗的排碳量成为农业碳排放的重要来源之一。研究表明，二氧化碳排放量与农业生产过程的化石能源消耗直接相关，只有降低对化石能源的依赖，才能有效减排。发展低碳经济是通过更少的自然资源消耗和更少的环境污染，获得更多的经济产出。低碳经济是依靠技术创新和政策措施，实施一场能源革命，建立较少排放温室气体的经济发展模式，减缓气候变化。而大量化石能源的使用会导致温室气体二氧化碳的排放量急剧上升，造成全球气候变暖，生物物种减少，农业减产，自然灾害频发。目前，我国环境污染问题突出，生态系统脆弱，大量开采和使用化石能源对环境影响很大，特别是我国农村能源消费结构中煤炭比例偏高。农村能源清洁环保，开发利用过程不增加温室气体排放。开发利用农村能源，对优化能源结构、保护环境、减排温室气体、应对气候变化具有十分重要的作用。

1.1.2.6 农村能源建设与“三农”问题

开发利用农村能源是建设社会主义新农村的重要措施。农村是目前我国经济和社会发展最薄弱的地区，能源基础设施落后、供应体系不完善，个别地区缺油少电，许多农村生活用能仍依靠传统利用方式。农村地区可再生能源资源丰富，加快可再生能源开发利用，一方面可以利用当地资源，因地制宜解决偏远地区电力供应和农村居民生活用能问题；另一方面可以将当地资源转换为商品能源，使可再生能源成为农村特色产业，有效延长农业产业链，提高农业经济效益，增加农业产值，改善生态环境，促进农村地区经济和社会的可持续发展。

农村能源的开发利用已经显示出良好的作用，在优化农业用能结构、促进农业循环经济、缓解能源压力、实现二氧化碳减排、推动经济社会可持续发展的同时，还可以解决边疆、偏远地区及一些少数民族地区的用能问题，对增加农民收入、提高生活水平、增加就业岗位等有着深远的战略意义。

因此，国内外的能源专家们已经把关注点放在农村能源问题上。农村的能源建设问题对农村未来的发展有着重要的意义和影响。而农村能源建设是一项复杂的系统性问题，其有效、长效的解决需倚重清洁替代与电能替代，在解决的过程中需政府明确其社会责任与提供公共服务，需规划的宏观指导与政策的强力支持，需加强能源转型与利用可用技术，需创新商业模式实现财务可行。同时，需要与之相匹配的协作创新机制来驱动政策、技术、资金等多方面力量。只有建立适用于区域的协作机制，才能使农村能源建设良性发展。

1.1.3　农村能源发展政策法规

1.1.3.1　农村能源政策历史与演变

改革开放以来，我国农村能源政策经历了3个重要时期。

（1）1979—1992年能源短缺背景下的农村能源政策。农村的能源安全供应与保障一直存在问题，主要原因是长期以来能源建设以工业发展和城市保障为主，能源建设领域也出现了城乡二元格局。这种能源政策导致的结果就是农村地区缺乏煤、电等商品性能源服务，主要依靠薪柴、秸秆来满足能源缺乏的现实。在政府政策的影响下，该时期农村能源政策主要围绕农村地区的资源禀赋发展，重点以沼气、薪炭林、小水电、小煤炭、太阳能以及推广省柴节煤灶等。这段时期内农村能源政策的特点主要体现在如下方面。

一是以单项经济技术为主进行多头试点。农业部组织进行沼气、节柴改灶试点县建设；水利电力部组织发展小水电的农村初级电气化试点县建设；国家林业和草原局组织薪炭林试点县建设。

二是政策目标较为分散。农村能源集经济建设、能源建设、环境建设于一体，具有经济、社会、环境等多重价值，但这一时期内的农村能源政策目标比较分散，有的只为满足经济效益，有的只为满足环境效益，没有通盘考虑。

三是政策实践处于探索阶段。该时期内农村能源建设的目的在于缓解农村能源供应紧张的现状，但是能满足何种程度的能源供应却没有一个较为清晰的计划。执行起来只有一个大方向，具体内容还需要在执行过程中不断加以修正。

四是农村能源处于国家商品性能源供给体系之外。1982年“六五”计划提出“因地制宜、多能互补、综合利用、讲求实效”农村能源建设方针，力图通过发展沼气、薪炭林、推广省柴节煤灶，有条件的地方发展小煤炭、小水电等方式发展农村能源。但这种方式与“七五”确立的“能源工业发展以电力为中心”相违背，二元化的能源建设格局导致农村电力供应得不到解决，乡镇小煤炭发展失控，煤炭资源遭到破坏而且产能过剩。

（2）1993—2004年能源安全背景下的农村能源政策。1993年开始，我国由石油净出口国转变成石油净进口国，对能源安全和能源可持续的关注开始提高，各国开始试图建立以可再生能源为基础的可持续发展能源体系。这一时期我国政府的农村能源政策重点转变为服务国家能源安全，推进能源供给的多样化。这段时期内农村能源政策的特点主要体现在如下方面。

一是扶持发展可再生能源。1995年国家计委办公厅、国家科委办公厅、国家经贸委办公厅联合印发《新能源和可再生能源发展纲要（1996—2010）》，并出台了一系列扶持政策，2005年更是出台了《中华人民共和国可再生能源法》，但是由于受“能源工业发展以电力为中心”指导思想政策惯性的影响，扶持政策以可再生能源发电项目为主。

二是生物质能成为农村能源的重点。沼气建设经过长期发展，已经从解决能源短缺的需求转变到重要的能源—环境工程技术。燃料乙醇和生物柴油在该时期也发展很快。

三是“城乡分割”能源格局获得调整。1998年开始展开“两改一同价”建设改造（改革农电管理体制、改造农村电网、实现城乡同网同价），农村电气化在数量上和质量上有了较快发展。1998年国务院发布《关于关闭非法和布局不合理煤矿有关问题的通知》，对乡镇小煤矿存在的突出问题进行治理，关闭非法和布局不合理煤矿，压减煤炭产量。

（3）2005年至今全球变暖背景下的农村能源政策。21世纪以来，对气候环境和温室气体的影响越加严重。2005年旨在限定温室气体排放的《京都议定书》开始生效，标志着气候变化问题已经成为国际社会需要共同应对的问题，大气资源是可以不加约束的公共资源。2018年，中共中央、国务院印发了《乡村振兴战略规划（2018—2022年）》明确提出了“构建农村现代能源体系”，包括优化农村能源供给结构，完善农村能源基础设施网络，推进农村能源消费升级。生物质能等可再生能源的生产与利用并不会排放CO_2，扩大生物质能的规模和发展可再生能源成为我国农村能源政策新的使命。这段时期内农村能源政策的特点主要体现在如下方面。

一是继续大力推进可再生能源开发和利用，主要以生物质发电、沼气、生物质固体成型燃料和液体燃料为开发重点。积极扶持水能、风能、太阳能、地热能、海洋能。推进低成本规模化可再生能源技术的开发利用，开发大型风电机组、农林生物质发电、沼气发电、燃料乙醇、生物柴油和生物质固体成型燃料、太阳能开发利用关键技术。

二是进行新一轮农村电网改造升级，开展电能替代工程。电能是一种优质能源，实施电能替代工程可以减少农村地区污染物质排放。农村电网建设一直是关注的重点，进行农村电网改造升级，既可以保障农村居民用电需求，又可以拉动农村经济发展，还可以起到保护环境的作用（表1-1）。

表1-1 涉及农村能源内容的现行政策

年份	名称	发布机构	相关要求
2006年	《可再生能源发电价格和费用分摊管理试行办法》	国家发展和改革委员会	生物质发电项目上网电价实行政府定价的，由国务院价格主管部门分地区制定标杆电价，电价标准由各省（自治区、直辖市）2005年脱硫燃煤机组标杆上网电价加补贴电价组成。补贴电价标准为每千瓦时0.25元。发电项目自投产之日起，15年内享受补贴电价；运行满15年后，取消补贴电价。
2007年	《可再生能源中长期发展规划》	国家发展和改革委员会	充分利用水电、沼气、太阳能热利用和地热能等技术成熟、经济性好的可再生能源，加快推进风力发电、生物质发电、太阳能发电的产业化发展，逐步提高优质清洁可再生能源在能源结构中的比例，力争到2010年使可再生能源消费量达到能源消费总量的10%，到2020年达到15%。

（续表）

年份	名称	发布机构	相关要求
2010年	《关于完善农林生物质发电价格政策的通知》	国家发展和改革委员会	对农林生物质发电项目实行统一标杆上网电价每千瓦时0.75元的政策。
2015年	《资源综合利用产品和劳务增值税优惠目录》	财政部、国家税务总局	利用秸秆、畜禽粪污等农林剩余物生产生物质压块、沼气等燃料，电力、热力享受增值税100%即征即退政策。
2015年	《可再生能源发展专项资金管理暂行办法》	财政部	可再生能源发展专项资金重点支持范围为：可再生能源和新能源重点关键技术示范推广和产业化示范；可再生能源和新能源规模化开发利用及能力建设；可再生能源和新能源公共平台建设；可再生能源、新能源等综合应用示范等。
2016年	《可再生能源发展“十三五”规划》	国家发展和改革委员会	到2020年，全部可再生能源年利用量7.3亿吨标准煤。其中，商品化可再生能源利用量5.8亿吨标准煤；全部可再生能源发电装机6.8亿千瓦，发电量1.9万亿千瓦时，占全部发电量的27%；各类可再生能源供热和民用燃料总计约替代化石能源1.5亿吨标准煤。
2017年	《关于可再生能源发展“十三五”规划实施的指导意见》	国家能源局	进一步强化光伏发电项目建设管理，要求各地进一步落实电网接入和市场接纳条件。
2017年	《关于加快推进畜禽养殖废弃物资源化利用的意见》	国务院办公厅	包括生物天然气工程和规模化大中型沼气工程等财政政策，还包括税收、用地和用电等优惠保障政策等多个方面。
2018年	“三免三减半”政策	国家税务总局	沼气综合开发利用享受企业所得税“三免三减半”政策。
2019年	《关于促进生物天然气产业发展指导意见》	国家发展和改革委员会、国家能源局等10部门	提出在新的历史时期生物天然气发展的方向、目标、任务和政策框架等方面的内容，到2025年，生物天然气年产量超过100亿立方米，到2030年超过200亿立方米。

（续表）

年份	名称	发布机构	相关要求
2019年	《产业结构调整指导目录（2019年本）》	国家发展和改革委员会	将农村可再生资源综合利用开发工程（沼气工程、生物天然气工程、“三沼”综合利用、沼气发电、生物质能清洁供热、秸秆气化清洁能源利用工程、废弃菌棒利用、太阳能利用）列入鼓励类目录。
2020年	《关于2020年光伏发电上网电价政策有关事项的通知》	国家发展和改革委员会	对集中式光伏发电继续制定指导价。将纳入国家财政补贴范围的Ⅰ～Ⅲ类资源区新增集中式光伏电站指导价，分别确定为每千瓦时0.35元（含税，下同）、0.4元、0.49元。新增集中式光伏电站上网电价原则上通过市场竞争方式确定，不得超过所在资源区指导价。
2020年	《关于促进非水可再生能源发电健康发展的若干意见》	财政部、国家发展和改革委员会、国家能源局	坚持以收定支原则，新增补贴项目规模由新增补贴收入决定，做到新增项目不新欠；开源节流，通过多种方式增加补贴收入，减少不合规补贴需求，缓解存量项目补贴压力；凡符合条件的存量项目均纳入补贴清单；部门间相互配合，增强政策协同性，对不同可再生能源发电项目实施分类管理。
2020年	《完善生物质发电项目建设运行的实施方案》	国家发展和改革委员会、财政部、国家能源局	2020年中央新增生物质发电补贴资金额度15亿元。

1.1.3.2 农村能源现行法律规定

法律是指由社会认可国家确认立法机关制定规范的行为规则，并由国家强制力保证实施，以规定当事人权利和义务为内容的，对全体社会成员具有普遍约束力的一种特殊行为规范。从立法角度对农村能源作出规定，是最高的政策要求。目前我国涉及农村能源的现行法律规定有5部，分别是2009年修订的《中华人民共和国可再生能源法》（简称《可再生能源法》）、2012年修订的《中华人民共和国农业法》（简称《农业法》）、2012年修订的《中华人民共和国农业技术推广法》（简称《农业技术推广法》）、2018年修订的《中华人民共和国节约能源法》（简称《节约能源法》）、2018年修订的《中华人民共和国电力法》（简称《电力法》）。

现行法律规定中对农村能源的规定主要有以下4个方面（表1-2）：一是制定相关能源发展规划，如《电力法》要求制定农村电气化发展规划，《可再生能源法》要求制定可再生能源发展规划。二是保障基本能源需求，《电力法》中明确规定要增加农村地区电力供应，保障农村基本用电，尤其是优先保证农村排涝、抗旱和农业季节性生产用电。三是所有涉及农村能源的法律都鼓励提倡生物质能、水能、沼气、太阳能、风能等可再生能源和清洁能源开发与推广。四是推广节能技术和产品，《节约能源法》要求推广在农业生产、农产品加工储运等方面应用节能技术和节能产品，鼓励更新和淘汰高耗能的农业机械和渔业船舶。

表1-2　涉及农村能源内容的现行法律规定

法律名称	文号	生效日期	涉及农村能源内容
《可再生能源法》（2009年修订）	主席令第23号	2010.04.01	国家鼓励和支持农村地区的可再生能源开发利用。县级以上地方人民政府管理能源工作的部门会同有关部门，制定农村地区可再生能源发展规划，因地制宜地推广应用沼气等生物质资源转化、户用太阳能、小型风能、小型水能等技术，并提供财政支持。
《农业法》（2012年修订）	主席令第74号	2013.01.01	各级人民政府应当采取措施，加强农村能源和电网等基础设施建设。发展农业和农村经济必须合理开发和利用水能、沼气、太阳能、风能等可再生能源和清洁能源。
《农业技术推广法》（2012年修订）	主席令第60号	2013.01.01	本法所称农业技术，是指应用于种植业、林业、畜牧业、渔业的科研成果和实用技术，包括： ①良种繁育、栽培、肥料施用和养殖技术； ②植物病虫害、动物疫病和其他有害生物防治技术； ③农产品收获、加工、包装、贮藏、运输技术； ④农业投入品安全使用、农产品质量安全技术； ⑤农田水利、农村供排水、土壤改良与水土保持技术； ⑥农业机械化、农用航空、农业气象和农业信息技术； ⑦农业防灾减灾、农业资源与农业生态安全和农村能源开发利用技术； ⑧其他农业技术。

（续表）

法律名称	文号	生效日期	涉及农村能源内容
《节约能源法》（2018年修订）	主席令第48号	2018.10.26	县级以上各级人民政府应加强农业和农村节能工作，增加对农业和农村节能技术、节能产品推广应用的资金投入。农业、科技等有关主管部门应当支持、推广在农业生产、农产品加工储运等方面应用节能技术和节能产品，鼓励更新和淘汰高耗能的农业机械和渔业船舶。国家鼓励、支持在农村大力发展沼气，推广生物质能、太阳能和风能等可再生能源利用技术，发展小型水力发电，推广节能型的农村住宅和炉灶等，鼓励利用非耕地种植能源植物，大力发展薪炭林等能源林。
《电力法》（2018年修订）	主席令第23号	2018.12.29	省、自治区、直辖市人民政府应当制定农村电气化发展规划，并将其纳入当地电力发展规划及国民经济和社会发展计划。对农村电气化实行优惠政策，对少数民族地区、边远地区和贫困地区的农村电力建设给予重点扶持。提倡农村开发水能资源，建设中、小型水电站，促进农村电气化。鼓励和支持农村利用太阳能、风能、地热能、生物质能和其他能源进行农村电源建设，增加农村电力供应。安排用电指标时，应当保证农业和农村用电的适当比例，优先保证农村排涝、抗旱和农业季节性生产用电。农业用电价格按照保本、微利的原则确定。农民生活用电与当地城镇居民生活用电应当逐步实行相同的电价。

1.1.3.3 涉及农村能源重点规划政策

（1）能源发展“十三五”规划。能源战略是国家发展战略的重要支柱。2016年11月17日，李克强主持召开国家能源委员会会议，审议通过根据《国民经济和社会发展第十三个五年规划纲要》制定的《能源发展“十三五”规划》，随后国家发展改革委、国家能源局下发《关于印发能源发展“十三五”规划的通知》（发改能源〔2016〕2744号）。

随着智能电网、分布式能源、低风速风电、太阳能新材料等技术的突破和商业化应用，能源供需方式和系统形态正在发生深刻变化。“因地制宜、就地取材”的分布式供能系统将越来越多地满足新增用能需求，风能、太阳能、生物质能和地热能在新城镇、新农村能源供应体系中的作用将更加凸显。《能源发展“十三五”规划》中涉及农村能源的部分主要是电网改造升级、实施电能替代工程、大力发展农村清洁能源3个方面。

一是推进新一轮农村电网改造升级工程。安排中央预算支持农村电网改造升级，推进新一轮农村电网改造升级工程。主要任务是进行西藏、新疆以及四川、云南、甘肃、青海4省藏区农村电网建设攻坚，加强西部及贫困地区农村电网改造升级，推进东中部地区城乡供电服务便利化进程。预期目标是到2017年实现平原地区机井用电全覆盖，贫困村全部通动力电；2020年基本实现全国农村地区稳定可靠的供电服务全覆盖。

随着近年来农村经济的快速发展，农村能源需求也不断提高。农村电力需求迅速增长，农村供电能力严重不足，新一轮农村电网改造升级可以克服现有农网的不足，保障农民生产生活用电。进行农村电网升级改造还可以促进农村经济发展，农网改造后，电力价格下降且电能供应稳定，可提高农民家用电器的使用比率，拉升农村消费，提高农民生活水平。另外，农网升级改造还可促进电力部门发展。新一轮农网升级改造将投入大量资金，可辐射带动电网公司、设备厂商、基建公司等上下游企业的发展。

推进新一轮农村电网改造升级工程，首先要对各地农村有效负荷进行预测，这样才能合理规划当地农村电网建设。其次是对电网进行合理布局，减少供电半径，在对农村负荷预测的基础上对电网的网络构设进行合理布局。最后是改造陈旧设备。即使短期来看耗费过多，但由于更换设备后可使电网供应稳定，利大于弊。

二是实施电能替代工程。实施电能替代工程需要积极推进居民生活、工业与农业生产、交通运输等领域电能替代。通过推广电锅炉、电窑炉、电采暖等新型用能方式，以京津冀及周边地区为重点，加快推进农村采暖电能替代。

当前农村地区采暖还通常使用煤炭，特别是劣质煤，对空气质量危害较大，煤渣也影响着农村的村容村貌。电能具有清洁、安全、便捷等优势，实施电能替代对推动能源消费革命、落实国家能源战略、促进能源清洁化发展意义重大，是提高电煤比重、控制煤炭消费总量、减少大气污染的重要举措。

在农村地区实施电能替代工程首先需要加快农村电网升级改造，只要在电力供应稳定的前提下，才能实施电能替代。其次应该增加采暖设备补贴。使用电能采暖需要购置用电采暖设备，增加了农民采暖成本，增加采暖设备补贴，这样也可提高农民积极性。再次进行宣传教育，向农民宣传电能替代工程的重要性和好处，如保护空气质量、保证村容整洁等。

三是大力发展农村清洁能源。大力发展农村清洁能源就是采取有效措施推进农村地区太阳能、风能、小水电、农林废弃物、养殖场废弃物、地热能等可再生能源开发利用，促进农村清洁用能；鼓励分布式光伏发电与设施农业发展相结合，大力推广应用太阳能热水器、小风电等小型能源设施，实现农村能源供应方式多元化，推进绿色能源乡村建设。

随着环境污染问题的加重以及能源枯竭问题威胁的增强，清洁能源的发展必须要引起高度重视，农村清洁能源的发展水平会直接影响我国农村社会经济的发展以及环境保护工作的开展。

大力发展农村清洁能源首先要开展农村清洁能源培训教育，将清洁能源的利用及其相关技术和方法进行教育宣传，使这些信息能够深入到广大农村以及农民当中，同时也要根据清洁能源利用技术对农民进行技术培训。其次是增强农村清洁能源基础建设，清洁能源的发展需要完善的基础设施才能实现能源供应。再次是增加农村清洁能源政策补贴，政府可在财政、税收以及金融方面给予恰当的优惠福利政策，实现清洁能源的广泛推广和应用。

（2）可再生能源发展“十三五”规划。我国是世界上人口最多的国家，国民经济发展面临资源和环境的双重压力。目前我国已经成为世界上第二大能源生产国和第二大能源消费国，大量生产和使用化石能源所造成的环境污染已经十分严重。随着经济的发展和人民对生活水平需求的提升，我国的能源需求将进一步增长，能源、环境和经济三者之间的矛盾也将更加突出，因此，加大能源结构调整力度，加快可再生能源发展是当务之急。

2016年12月10日国家发展改革委下发《关于印发可再生能源发展“十三五”规划的通知》（发改能源〔2016〕2619号）。这是国家在“十三五”时期内关于可再生能源的总体规划。其中涉及农村电网改造的已在上文论述，在此不再赘述。另外涉及农村能源的主要有以下3个方面。

一是大力推广太阳能热利用的多元化发展。持续扩大太阳能热利用在城乡的普及应用，积极推进太阳能供暖、制冷技术发展，实现太阳能热水、采暖、制冷系统的规模化利用，促进太阳能与其他能源的互补应用。继续在城镇民用建筑以及广大农村地区普及太阳能热水系统。

太阳普照大地，处处皆有，可直接开发和利用，便于采集，且无须开采和运输。太阳能开发与利用不会污染环境，是最清洁能源之一，在环境污染越来越严重的今天，这一点是极其宝贵的。每年到达地球表面上的太阳辐射能约相当于130万亿吨标准煤，充分开发能效惊人。在人类可预期的未来，太阳将会一直存在，所以太阳能用之不竭。农村散居户较多，发展太阳能符合农村地区的能源需求，太阳能热水技术也已经十分成熟。

二是稳步发展生物质发电。根据生物质资源条件，有序发展农林生物质直燃发电和沼气发电，到2020年，农林生物质直燃发电装机达到700万千瓦，沼气发电达到50万千瓦。到2020年，生物质发电总装机达到1 500万千瓦，年发电量超过900亿千瓦时。

要稳步发展生物质发电需要加强以下两个方面的工作：一方面积极发展分布式农林生物质热电联产。农林生物质发电全面转向分布式热电联产，推进新建热电联产项目，对原有纯发电项目进行热电联产改造。加快推进糠醛渣、甘蔗渣等热电联产及产业升级。加强项目运行监管，杜绝掺烧煤炭、骗取补贴的行为。加强对发电规模的调控，对于国家支持政策以外的生物质发电方式，由地方出台支持措施。另一方面因地制宜发展沼气发电。结合城镇垃圾填埋场布局，建设垃圾填埋气发电项目；积极推动酿酒、皮革等工业有机废水和城市生活污水处理沼气设施热电联产；结合农村规模化沼气工程建设，新建或改造沼气发电项目。积极推动沼气发电无障碍接入城乡配电网和并网运行。到2020年，沼气发电装机容量达到50万千瓦。

三是打造农村能源转型示范县（区）。在农业及人口大省开展农村能源转型示范县（区）建设。主要通过以下4项措施：第一，加快城乡电力服务均等化进程，实现稳定可靠的供电服务全覆盖；第二，推进各类生物质集中供气、沼气集中供气、成型燃料供热项目在农村和城镇应用；第三，利用荒山荒坡、农业大棚或设施农业等建设“光伏+”项目，因地制宜推动光伏和风力发电在提水灌溉等农业生产中的应用；第四，建设新型农村可再生能源开发利用合作模式，加快实现农村能源清洁化、优质化、产业化、现代化。通过打造农村能源转型示范县（区）可以吸取推广经验，为以后大规模推广农村能源做好准备，还可以检验相关政策的可行性与综合效益。

（3）生物质能发展“十三五”规划。我国生物质能资源非常丰富，发展生物质发电产业前景广阔。一方面，我国农作物播种面积有1.2亿公顷，年产秸秆约10.4亿吨（石祖梁等，2016）。此外，农产品加工废弃物包括稻壳、玉米芯、花生壳、甘蔗渣和棉籽壳等，也是重要的生物质资源。另一方面，我国现有森林面积约1.95亿公顷，森林覆盖率20.36%，每年可获得生物质资源量8亿～10亿吨。生物质能是重要的可再生能源，具有绿色、低碳、清洁、可再生等特点，是农村能源结构的重要组成部分，生物质能的服务对象基本也是农村。“十三五”是实现能源转型升级的重要时期，2016年10月28日国家能源局下发《生物质能发展“十三五”规划》的通知（国能新能〔2016〕291号）。

“十二五”时期，我国生物质能产业开发利用有了重要进步，生物质发电和液体燃料已初步形成规模，生物质成型燃料、生物天然气等也有了重要技术突破，但也存在尚未达成的共识；分布式商业化开发利用经验不足；专业化市场化程度低，技术水平有待提高；标准体系不健全；政策不完善等问题。生物质发电已在上文论述，在此不再赘述，当前生物质能的发展其他重点如下。

一是大力推动生物天然气规模化发展。预期目标是2020年初步形成一定规模的绿色低碳生物天然气产业，年产量达到80亿m^3，建设160个生物天然气示范县和循环农业示范县，主要通过4个方面推进。

推动全国生物天然气示范县建设。以县为单位建立产业体系，选择有机废弃物丰富的种植养殖大县，编制县域生物天然气开发建设规划，立足于整县推进，发展生物天然气和有机肥，建立原料收集保障、生物天然气消费、有机肥利用和环保监管体系，构建县域分布式生产消费模式。

加快生物天然气技术进步和商业化。探索专业化投资建设管理模式，形成技术水平较高、安全环保的新型现代化工业门类。建立县域生物天然气开发建设专营机制。加快关键技术进步和工程现代化，建立健全检测、标准、认证体系。培育和创新商业化模式，提高商业化水平。

推进生物天然气有机肥专业化、规模化建设。以生物天然气项目产生的沼渣、沼液为原料，建设专业化、标准化有机肥项目。优化提升已建有机肥项目，加强关键技术研发与装备制造。创新生物天然气有机肥产供销用模式，促进有机肥大面积推广，减少化肥使用量，促进土壤改良。

建立健全产业体系。创新原料收集保障模式，形成专业化原料收集保障体系。构建生物天然气多元化消费体系，强化与常规天然气衔接并网，加快生物天然气市场化应用。建立生物天然气有机肥利用体系，促进有机肥高效利用。建立健全过程环保监管体系，保障产业健康发展。

二是积极发展生物质成型燃料供热。在具备资源和市场条件的地区，特别是在大气污染形势严峻、淘汰燃煤锅炉任务较重的京津冀鲁、长三角、珠三角、东北等区域，以及散煤消费较多的农村地区，加快推广生物质成型燃料锅炉供热，为村镇、工业园区及公共和商业设施提供可再生清洁热力，主要通过两个方面推进。

积极推动生物质成型燃料在商业设施与居民采暖中的应用。结合关停燃煤锅炉进程，发挥生物质成型燃料锅炉供热面向用户侧布局灵活、负荷响应能力较强的特点，以供热水、供蒸汽、冷热联供等方式，积极推动在城镇商业设施及公共设施中的应用。结合农村散煤治理，在政策支持下，推进生物质成型燃料在农村炊事采暖中的应用。

加强技术进步和标准体系建设。加强大型生物质锅炉低碳燃烧关键技术进步和设备制造，推进设备制造标准化、系列化、成套化。制定出台生物质供热工程设计、成型燃料产品、成型设备、生物质锅炉等标准。加快制定生物质供热锅炉专用污染物排放标准。加强检测认证体系建设，强化对工程与产品的质量监督。

三是加快生物液体燃料示范和推广。在玉米、水稻等主产区，结合陈化粮和重金属污染粮消纳，稳步扩大燃料乙醇生产和消费；根据资源条件，因地制宜开发建设以木薯为原料，以及利用荒地、盐碱地种植甜高粱等能源作物，建设燃料乙醇项目。加快推进先进生物液体燃料技术进步和产业化示范。到2020年，生物液体燃料年利用量达到600万吨以上，主要重点是以下3个方面。

推进燃料乙醇推广应用。大力发展纤维乙醇。立足国内自有技术力量，积极引进、消化、吸收国外先进经验，开展先进生物燃料产业示范项目建设；适度发展木薯等非粮燃料乙醇。合理利用国内外资源，促进原料多元化供应。选择木薯、甜高粱茎秆等原料丰富地区或利用边际土地和荒地种植能源作物，建设10万吨级燃料乙醇工程；控制总量发展粮食燃料乙醇。统筹粮食安全、食品安全和能源安全，以霉变玉米、毒素超标小麦、“镉大米”等为原料，在“问题粮食”集中区，适度扩大粮食燃料乙醇生产规模。

加快生物柴油在交通领域应用。对生物柴油项目进行升级改造，提升产品质量，满足交通燃料品质需要。建立健全生物柴油产品标准体系。开展市场封闭推广示范，推进生物柴油在交通领域的应用。

推进技术创新与多联产示范。加强纤维素、微藻等原料生产生物液体燃料技术研发，促进大规模、低成本、高效率示范应用。加快非粮原料多联产生物液体燃料技术创新，建设万吨级综合利用示范工程。推进生物质转化合成高品位燃油和生物航空燃料产业化示范应用。

（4）全国农村沼气发展“十三五”规划。“十二五”期间，农村沼气快速发展，在改善农村生产生活条件，促进农业发展方式转变，推进农业农村节能减排以及保护生态环境等方面，发挥了重要作用。当前，农村沼气事业发展的外部环境发生了巨大变化，特别是农业生产方式、农村居住方式、农民用能方式的新转变，对农村沼气事业发展提出了新任务和新要求。

2016年12月21日，习近平总书记在中央财经领导小组第十四次会议上提出，以沼气和生物天然气为主要处理方向，以就地就近用于农村能源和农用有机肥为主要使用方向，力争在“十三五”时期基本解决大规模畜禽养殖场粪污处理和资源化问题。遵照习近平总书记重要指示精神，2017年1月25日，国家发展改革委、农业部制定并下发了《全国农村沼气发展“十三五”规划》（以下简称《规划》）。《规划》在分析农村沼气发展成就、机遇与挑战、资源潜力等基础上，明确了“十三五”农村沼气发展的指导思想、基本原则、目标任务，规划了发展布局和重大工程，提出了政策措施和组织实施要求。

（5）北方地区冬季清洁取暖规划。2017年12月28日，国家发展改革委、国家能源局、财政部、环境保护部、住房城乡建设部、国资委、质检总局、银监会、证监会、军委后勤保障部制定并下发了《北方地区冬季清洁取暖规划（2017—2021年）》。

当前，农村地区是北方地区清洁取暖的最大短板，是散烧煤消费的主力地区，多数为分散供暖，大量使用柴灶、火炕、炉子或土暖气等供暖，少部分采用天然气、电、可再生能源供暖。据估算，农村地区每年散烧煤（含低效小锅炉用煤）约2亿吨标准煤。部分地区冬季大量使用散烧煤，大气污染物排放量大，而且农村地区燃气管网条件普遍较差。部分地区配电网网架依然较弱，改造投资较大。广大农村地区的建筑、围护结构热工性能较差，导致取暖过程中热量损耗较大，不利于节约能源和降低供暖成本，所以当前迫切需要推进清洁取暖，这关系北方地区广大群众温暖过冬，关系雾霾天能不能减少，是能源生产和消费革命、农村生活方式革命的重要内容。2019年“2+26”重点城市农村地区清洁取暖率达到40%以上，其他农村地区达到20%以上；2021年“2+26”重点城市农村地区清洁取暖率60%以上，其他农村地区达到40%。主要策略如下。

一是因地制宜选择供暖热源。生物质资源丰富地区农村鼓励利用农林剩余物或其加工形成的生物质成型燃料，在专用锅炉中清洁燃烧用于供暖，大力推进生物质成型燃料替代散烧煤。积极推进生物沼气等其他生物质能清洁供暖。太阳能资源丰富的农村地区，可用太阳能与其他能源结合，实现热水、供暖复合系统的应用。农业大棚、养殖场等是用热需求大且与太阳能特性匹配的行业，应充分利用太阳能供热，支持农村和小城镇居民安装使用太阳能热水器，在农村推行太阳能公共浴室工程。根据农村经济发展速度和不同地区农民消费承受能力，以“2+26”城市周边为重点，积极推广燃气壁挂炉。在具备管道天然气、LNG（液化天然气）、CNG（压缩天然气）供气条件的地区率先实施天然气“村村通”工程。

二是有效降低用户取暖能耗。鼓励农房按照节能标准建设和改造，提升围护结构保温性能，在太阳能资源条件较好的省份推动被动式太阳房建设，预期在2017—2021年农村农房节能改造5 000万平方米。

三是建立农村取暖管理机制。保障重点地区农村清洁取暖补贴资金。改变农村取暖无规划、无管理、无支持的状况，地方各级政府明确责任部门，建立管理机制，加强各部门协调，保障农村取暖科学有序发展。对于“2+26”城市的农村地区，要享受与城市地区同等的财政补贴政策，探索农村清洁取暖补贴机制，保障大气污染传输通道散烧煤治理工作顺利完成。

1.1.4 农村能源发展存在的问题

1.1.4.1 农村能源推广落后

近些年，我国农业生态环境保护工作不断加强，各省在农业行政主管部门陆续增设了相关机构。截至2016年底，全国各地区乡镇、农村文化教育设施也未达到100%普及。可见，农民文化素质的提升是一项投放大、见效慢的长期性、系统性的工程。农村能源推广利用主体是农民，文化水平低、观念落后、思维定式是农民和农村技工的通病。在农村能源建设中，专业技术人才的缺乏，科学技术水平的低下，使得一些新型能源项目无法在农村推广利用，农村能源建设不能顺利开展。因此，发展壮大农村能源人才队伍，加强农村农民文化教育，是推动农村能源事业可持续发展的当务之急。

1.1.4.2 农村能源发展基础设施建设落后

农村能源发展基础设施建设缓慢。天然气作为一种高效、优质、清洁、经济的能源，在居民炊事、取暖、发电等方面均具有较强的综合利用价值。然而，截至2016年，全国却仅有1/10的乡村通有天然气，其中，西部地区的陕西、四川、新疆天然气储量最为丰富、产量也最高，但也不到20%的乡村通天然气。可见，发展技术及资金投入不足，导致农村能源基础设施老化，难以满足能源的发展需求。

1.1.4.3 农村能源开发制度政策落后

1980年第一次全国农村能源研讨会是农村能源建设的重要转折点，直到1982年才最终确定农村能源政策框架，此后确定了农村能源的建设方针“因地制宜，多能互补，综合利用，讲求效益”。我国农村能源管理上涉及水电、农业、林业以及发改等多个部门，针对农村能源管理工作各司其职、各负其责，其由于政出多门的管理体系造成了相互衔接不良的问题。另外，我国农村能源政策目标模糊，意图在于缓解农村能源的供应短缺，但究竟如何解决农村能源问题却不清楚。由此带来农村能源政策推进困难，导致农村能源建设缺乏有力的政策支撑，使我国农村能源建设举步维艰。

1.1.4.4 可再生能源技术经济性差致使产业发展缓慢

通过技术创新和规模运营，农村可再生能源的开发成本大幅下降，但如果沿用不计化石能源外部性成本的经济评价体系，可再生能源短期内很难有比较优势。另外，与可再生能源相关的智能电网、储能等技术成本依然过高。

1.1.4.5 农村能源贫困与能源公平问题依然存在

农村能源消耗在全国能源消费中所占比例较低，农村能源消耗中的商品能源仅占全部能源消费的2/3左右，农村能源供给不足，消费需求难以得到有效满足，尤其是在我国西部山区无电村依然存在。

1.1.4.6 农村能源消费总量呈现一定下降趋势

我国城镇化率的不断提高，农村常住人口减少，人均能源消费需求尤其是商品能源消费需求虽有所增加，但农村能源消费总量有所下降。

1.1.4.7 农村能源贫困问题依然存在

我国是农业大国，农村人口基数大，给我国能源供给体系造成一定压力。相比于城市能源供应体系，农村地区居住形式较分散，加之各地区经济发展水平不平衡，能源资源分布不均衡，集中式的农村能源市场难以形成。同时，商品能源长距离输送存在一定障碍，能源基础设施建设、运营和管理成本较高，部分地区能源供给明显不足。

1.1.4.8 非商品能源消费比例较大

农村能源消费商品化程度明显低于城市，且非商品能源薪柴及秸秆消耗量大，占农村能源消费总量的35%左右，且利用方式较原始，多为传统炉灶的低值燃烧，用于农户炊事采暖用能，尚未形成规模化利用处理，秸秆的低值燃烧，或随意露天焚烧现象屡禁不止，给区域大气环境及农村居住环境造成了严重污染，影响居民健康。

1.1.4.9　煤炭消费，尤其是散煤消费问题突出

农村能源消费体系中，生产生活用能煤炭消费占比较高，年消耗用煤约2亿吨，占我国燃煤消费的25%以上，且多为户用分散式的散煤燃烧，尤其是北方冬季采暖时期，散煤低效率、高污染利用导致的大气环境污染问题十分严重。

1.1.4.10　清洁可再生能源消费比例较低，用能品质不高

农村清洁能源基础设施尚不够完善，能源输配质量低下，农村电气化程度较低。同时，农村可再生能源利用多为分散利用，能源消费多依赖小型光伏、秸秆固化燃料、小型风电等方式供应，规模化利用水平不高，能源消费结构不合理。

1.1.5　农村能源发展方向与目标

农村能源是我国能源体系的重要组成部分，发展农村能源根本上就是要优化农村用能结构、提高农村用能效率、保障农民能源公平、消除农村地区能源贫困。发展农村能源也是保护农村生态环境、完善农村基础设施的重要手段。同时，开发农村能源可服务国家能源安全，推进能源供给多样化。

农村能源产业总体表现出良好的发展态势，生物质发电和成型燃料产业技术有较大的进步，沼气产业步入转型升级新阶段，太阳能热利用产业继续保持稳步发展。因地制宜，发展生物质能、太阳能、风能、地热能等多能互补的分布式能源系统；以供热为核心农村能源开发利用技术，是北方供暖地区近期农村能源技术发展的重点；生物质液体燃料技术优势突出，是农村能源中长期战略重点；以沼气和热解多联产为核心的生物质能源化资源化综合利用技术，具有优化能源结构、改善生态环境、发展循环经济的多重作用，

是农村生物质能利用的重要方向；开源与节流并举，农村节能，尤其是农村建筑节能、炉具节能技术推广不容忽视。

为提升零碳转型发展质量，应针对不同农村地区的地理、气候、经济发展程度、资源分布差异等特点，合理利用农村可再生能源，改变原有对化石能源低效利用问题，转变传统清洁能源和可再生能源分散利用开发模式，加大天然气、电力等商品能源使用比例，注重多能互补与农村节能技术的开发利用，大力发展规模化或分布式低碳能源利用网络。因地制宜的开发建立分布式可再生能源体系，是农村能源零碳变革的重要环节，也是可再生能源利用的新方向。结合农村地区，尤其是基础设施落后地区的自然条件与资源禀赋，通过分布式能源和微网技术解决农村居民能源供应问题，在用户侧满足区域电、热或冷等能源的输出需求，具有能源输配低损耗、降低供能成本、降低环保压力、提升能源生产及使用安全性等特点。具体发展方向如下。

1.1.5.1 大力发展分布式能源体系零碳转型发展

我国农村地区分布着大量可再生能源，其中主要包括风能、水能、太阳能生物质能。据原农业部估算和统计，全国广大农村地区的可再生能源每年可获得相当于73亿吨标准煤的能量，相当于目前全国农村能耗量的12倍。同时，我国农村微型水力、低速风力以及太阳能分布广，资源极为丰富。合理利用农村可再生能源，开发因地制宜的分布式能源，将是农村能源变革中不可缺少的一部分。以分布式可再生能源体系建设为基础，推动零碳转型发展，着力发展非煤能源，形成天然气、电、油、新能源和可再生能源的农村能源多元供应体系。同时，配合储能技术、智能监控及其他节能技术，拓展农业多种功能融合机制，实现能源梯级利用、资源高效利用与优化配置，从而有效指引农村能源革命战略发展。

1.1.5.2 大力发展生物天然气，增加生物天然气在农村能源消费中的比例

2019年12月10部委发布的《关于促进生物天然气产业化发展的指导意见》（发改能源规〔2019〕1895号）指出，到2025年，生物天然气具备一定

规模，形成绿色低碳清洁可再生燃气新兴产业，生物天然气年产量超过100亿立方米；到2030年，生物天然气实现稳步发展，规模位居世界前列，生物天然气年产量超过200亿立方米，占国内天然气产量一定比重。虽然有国家宏观政策上的支持，但是要做好生物天然气发展工作，主要通过以下几个方面。

一是统筹谋划，多元发展。针对各地资源状况和环境承载力情况，鼓励各地因地制宜发展以生物天然气为主、以沼肥利用为主、以农业农村废弃物处理为主、以用气为主和果（菜、茶）沼畜循环等多种形式和特点的沼气模式。

二是气肥并重，综合利用。统筹考虑农村沼气的能源、生态效益，兼顾沼气、沼肥的经济社会价值，积极开拓沼气的多领域高值利用，突出沼气工程供肥功能，推进种养循环发展。

三是政府支持，市场运作。政府通过健全法规、政策引导、组织协调、投资补助等方式，为农村沼气发展创造良好的环境。充分发挥市场机制作用，大力推进沼气工程的企业化主体、专业化管理、产业化发展、市场化运营。

四是科技支撑，机制创新。加强农村沼气科研平台建设，建立产学研推用一体化的沼气技术创新与推广体系，统筹推进融资方式、运营模式、监管机制创新。

1.2 农村能源零碳发展的意义

基于农村可再生能源利用的零碳转型，与全球气候变化与生态环境息息相关。随着世界经济的迅速发展，工业化和城市化进程加快以及化石燃料等不可再生能源的过度开发利用，导致大气中二氧化碳（CO_2）等温室气体剧增，气候变化正直接或间接地对自然生态系统产生影响，如气温升高、冰川缩退、永久冻土层融化、海平面上升及其他极端天气。此外，在大多数发展中国家，尤其在一些贫穷地区，大量居民将固体燃料等传统的生物质能作为主要生活燃料，也加重了温室气体的排放，极大破坏了森林资源的可持续发展进而引起土地沙漠化且破坏了当地的生态环境系统。推动零碳村镇建设，着力开发水能、风能、太阳能、生物质能等清洁的可再生能源，能够有效缓解气候变化现行压力，解决清洁能源替代与电能替代问题，对于农村未来的发展有着重要的意义和影响。

基于农村可再生能源利用的零碳转型，与国家低碳经济转型与能源革命息息相关。我国农村能源面临消费层次低、基础设施落后、环境污染重、利用效率低等问题，能源结构亟待优化，能源服务水平急需提升。随着我国生态文明建设与乡村振兴战略的不断推进，零碳转型发展关系6亿多农村居民的生产生活，农村能源变革发展涉及北方地区冬季清洁取暖、畜禽养殖废弃物资源化处理、治理农业面源污染等重大民生工程。农村地区可再生能源资源丰富，具备良好的发展基础，加快农村可再生能源的开发对我国能源战略转型和保障国家能源安全具有重要意义。通过可再生能源开发利用，建立多元的农村能源供应体系，发展能源技术带动产业升级，以合理的能源消费和能源减量为原则，推动高品质可再生能源对低品质能源替代，从而实现能源安全和农村能源可持续利用的目标。

基于农村可再生能源利用的零碳转型，与消除能源贫困和农村居民健康息息相关。全面建成小康社会需要稳定、可靠、经济和安全的能源保障，而农村能源建设落后是导致区域经济落后、贫困的一个重要因素。经济和社会发展往往与能源转型相互影响，经济越发达对传统能源生物质能的依赖程度就会降低，而用电能消费量则会相应地增加，随着一个国家向更加现代化和多样化的经济体系转变，这个体系利用技术进步对农业、工业和服务有更大推动作用，它将使用更多的能源，并最终将更多的总体能源用于生产性用途。同时，受制于区域能源贫困，天然气、电力等能源的匮乏，当地居民常使用固体燃料等传统的生物质能进行烹饪或取暖，或使用蜡烛、煤油和其他污染燃料进行照明，其会释放出高浓度可吸入颗粒物，进而危害人体健康，全世界每年约有280万人因此过早死亡。消除贫困、改善民生、实现共同富裕是我国社会主义制度的本职要求，基于农村可再生能源利用发展，推动零碳村镇建设，是我国农业农村发展的物质基础，是关系我国社会公平、消除农民能源贫困、提高用能效率，改善农业农村环境的重要内容。

1.2.1 零碳发展的概念与特征

当前，全球气候变化是人类社会面临的深层次危机，其带来的负面影响比原来预计更迅速、更广泛、更剧烈。早在1992年5月，联合国大会通过《联合国气候变化框架公约》，其核心内容是确立了应对气候变化的终极目标，即“将大气温室气体的浓度稳定在防止气候系统受到危险的人为干扰的水平上。这一水平应当在足以使生态系统可持续进行的时间范围内实现”，以及确立了应对气候变化的基本原则，明确发达国家应承担率先减排和向发展中国家提供资金技术支持的义务，并承认发展中国家有消除贫困、发展经济的优先需要。

随后，1997年12月在日本京都由联合国气候变化框架公约参加国三次会议制定提出《联合国气候变化框架公约的京都议定书》（《京都议定书》），会议提出了“将大气中温室气体含量稳定在一个适当的水平，进而防止剧烈的气候改变对人类造成伤害”。到2009年2月，一共有183个国家通过了该条约，随后美国及加拿大宣布退出。根据《京都议定书》许多专家提出气候变化影响框架基调实际意义不强，预计从1990—2100年全球气温将升高1.4 ~ 5.8℃，而评估显示，《京都议定书》如果能被彻底完全地执行，到2050年之前仅可以把气温的升幅减少0.02 ~ 0.28℃。正因为如此，许多批评家和环保主义者质疑《京都议定书》的价值，认为其标准定得太低，根本不足以应对未来的严重危机。

2016年4月，170多个国家领导人齐聚纽约联合国总部，共同签署《巴黎协定》，从而取代《京都议定书》。《巴黎协定》确立了2020年后国际社会合作应对气候变化的基本框架，提出“将全球平均气温较工业化前水平升高幅度控制在2℃之内，并为把升温控制在1.5℃之内而努力”。《巴黎协定》使全球应对气候变化的工作更具延续性、公平性、长期性及可行性。

2019年9月联合国在纽约召开气候行动峰会，会上66个国家、93家公司和100多个城市承诺到2050年实现“净零碳”排放，这代表了全球绿色低碳转型的大方向，是保护地球家园需要采取的最低限度行动，各国必须迈出决定性步伐。目前，全球已有几十个国家提出2050年实现碳中和目标和愿景。欧盟提出了《欧洲绿色新政》，2050年实现碳中和，将把经济复苏基金及2021—2027年长期预算的30%用于应对气候变化，芬兰、奥地利、冰岛、瑞典宣布在2035—2045年实现零碳，多个欧盟成员国、英国等宣布在2050年实现零碳。美国新任总统拜登上任后，提出立即返回《巴黎协定》，4年绿色投资2万亿美元，2050年实现碳中和。

2016年9月3日，全国人大常委会批准中国加入《巴黎气候变化协定》。2020年9月22日，中国国家主席习近平在第七十五届联合国大会一般性辩论上发表重要讲话，正式提出“中国将提高国家自主贡献力度，采取更加有力的政策和措施，二氧化碳排放力争于2030年前达到峰值，努力争取2060年前实现碳中和”的明确目标与承诺。2020年底，中央经济工作会议中，习近平总书记将“做好碳达峰、碳中和工作”列入2021年八项重点任务。我国作为全球最大的发展中国家，经济发展仍处于较低水平，而我国能源结构以煤炭为主，在短时间内降低化石能源消费占比，需要克服技术、产业、基础设施以及社会保障、人口就业等多方面复杂的问题和挑战。

为了破解农村传统能源供给消费模式粗放、温室气体排放量日趋增加等难题，农村能源建设发展亟待由高能耗、高污染、粗放型增长向低能耗、低排放、集约型的零碳（碳中和）目标转型，通过零碳技术推广应用，进一步优化产业结构、能源结构，提高能效，减少碳排放，从而实现农业农村绿色低碳可持续发展。所谓“碳中和”，即零碳或净零碳排放，是指在交通、能源生产、农业和工业过程等相关二氧化碳释放过程，平衡二氧化碳排放与清除（通常通过碳抵消）或完全消除二氧化碳排放来实现二氧化碳净零排放，实现碳足迹为零。按照我国碳中和目标，到2030年，我国单位国内生产总值二氧化碳排放将比2005年下降65%以上，非化石能源占一次能源消费比重将达到25%左右，森林蓄积量将比2005年增加60亿立方米，风电、太阳能发电总装机容量将达到12亿千瓦以上。到2060年，我国可再生能源在一次能源消费结构中占比将提高至68%左右。

当前形势下，零碳发展成为现代化发展到高级阶段的产物，从传统能源向可再生能源转化是世界能源发展的总趋势。温室气体排放带来的全球气候变化，迫使全球发展向低碳转型，并逐步成为世界各国现代化发展的新主题和新方向。党的十九大报告中指出，“坚持人与自然和谐共生；树立和践行绿水青山就是金山银山的理念；推进能源生产和消费革命，构建清洁低碳、安全高效的能源体系”。其中，清洁低碳就是指能源的全生命周期的低污染，能源系统碳排放的持续下降，直至实现碳中和，即实现零碳。面对新时代严峻的任务和挑战，我国在“十四五”期间要采取更有效的措施控制化石能源消费，推动煤炭消费尽早达峰，实施更加严格的控煤措施，大力发展非化石能源，提高光伏、风电等新能源的消纳能力，积极开发可再生能源制氢等先进技术和产业，推进电力系统转型，构建适应高比例可再生能源的电力交易和调度机制。

农村可再生能源开发利用，涉及社会、经济、政治、文化及人类活动和思想等多领域、全方位的转换过程。零碳技术的发展，在过程上具有革命性与渐进性的特征，在内容上具有全局性与综合性的特征，在方向上具有进步性与创新性的特征。基于可再生能源体系发展探索能源利用技术新模式，实现农业农村社会经济转型发展。同时，经济结构的绿色低碳转型，也将反向带动能源结构向更加清洁、高效的零碳理念方向转变，进而共同推动我国农村的可持续发展。

1.2.2　农村能源零碳转型发展的问题及障碍

1.2.2.1　农村能源零碳转型发展的问题

一是能源需求总量不断增加，传统能源（如石油燃料）消费水平不断下降。我国城镇居民生活用能形态已经从过去“以煤为主”转变为“以优质清洁能源为主，煤炭为辅”，煤炭在生活用能中所占比例不足10%，天然气、热力、电力等商品能源比例已上升到60%。在我国广大农村地区，家庭能源消费量持续增长，每年人均能源消费量近300千克标准煤，年增长率达4%以上，超过我国能源消费年均增长率，而煤炭、电力、石油、天然气和液化石油气等商品能源消费量仅占农村生活用能的52%左右，商品能源人均消费水平仅相当于城市人均消费水平的50%左右，秸秆、薪柴等非商品能源仍占较大比例，约为43%。随着我国农村经济与城镇化建设的快速发展，农村能源消费总量及商品能源需求量的上升已不可避免，我国未来能源供给缺口问题将越加明显。

二是能源配置不合理，农村商品能源消费成本高。我国能源供给主要为集中式开发模式，从而优先实现城市资源优化配置，能源利用效率相对较高。而我国农村地区设置相对分散，商品能源跨区输配成本高，能源供应稳定性较差，农村电网输电效率低于欧美发达国家，电网线损率达到7%以上，能源供给价格波动性较大。此外，我国部分农村地区地处偏远，或人口流失严重，燃气、电力等能源接入困难，能源基础设施配置不完善，供能代价昂贵，商品能源严重匮乏，在部分山区和牧区，因农牧民生产方式的变化，还形成了阶段性的局部地区电力不可及现象，导致“能源贫困”问题严重，制约了我国新农村建设和城镇化进程，也给未来我国能源供给发展带来了巨大挑战。

三是可再生能源资源丰富，开发利用率较低。我国农村可再生能源资源蕴藏丰富，开发利用及节能减排潜力十分巨大。目前，我国农村约1.3亿农户仍采用传统生物质能作为炊事采暖用能，在西北高原和东北地区，也有利用太阳能等可再生能源资源进行生活的传统模式，但农村能源总体需求仍过度依赖外源输入型的化石能源，对传统的农村能源资源认识不到位，不能就近把传统农村的废弃物资源和可再生能源资源通过能源集约化利用，解决农村生产生活所需的能源供给问题，弃风、弃光、弃水问题日益突出。农村居民多沿袭传统柴灶、火炕、炉子或土暖气等设施，炉灶热效率仅在10%～20%，远低于50%的热效率国家标准，大量生物质资源尚未得到充分开发利用，据估计，每年约有4亿吨，折合约2亿吨标准煤的农作物秸秆和畜禽粪便等生物质资源被丢弃浪费，严重威胁了区域土壤、大气和水体环境。

四是农村能源品位需求提升，可再生能源技术利用模式有待转变。随着我国社会经济发展水平的提高，农村居民对清洁化商品能源的需求也在不断增长，对易于操作、简便易得的电能、热能等商品能源的渴求越加强烈。我国政府历来重视农村可再生能源技术，农村可再生能源消费占比达10%以上，但仍无法满足农村未来能源转型发展需要，资源耗竭型发展模式未得到根本改变。长久以来，我国农村可再生能源开发多集中在户用技术方面，单一可再生能源技术易受区域位置、气候、经济水平等因素影响，应用效率和效果的稳定性不易保证，技术利用模式缺乏集成性、安全性、灵活性、经济性和高效性，能源技术利用未能有效整合，冷、热、电等能源种类缺乏互补利用，能源资源与用户需求有待整合，农村可再生能源开发利用模式亟待转变。

1.2.2.2 农村能源零碳转型发展的障碍

一是农村能源零碳发展市场机制障碍。我国发展以分布式技术为主的农村能源市场最大的阻力来自传统电力及燃气等能源系统。分布式能源具有间歇性的特点，负荷波动加大，现有传统能源的管理政策没有考虑到分布式能源市场对整个能源系统运行的有利因素，制定了对分布式能源较为不利的并网准入条件和成本分摊原则。尤其是现行电力并网规则不够透明，技术要求由电网单方面制定和解释，分布式能源在并网方面得不到公平对待，缺乏明确的并网成本分摊原则，而在并网费用分摊中，未考虑到分布式能源对改善电网负荷特性、节约电网投资、减少线路损耗和削峰填谷的作用。再以热电联产行业为例，由于提供产品的特殊性，其原料（煤炭、天然气、水等）已经进入市场经济，而其产品——热和电，还处于政府严格管制阶段。目前我国热价原则上仍实行政府定价或者政府指导价，价格由省级人民政府价格主管部门或者经授权的市、县人民政府制定。由于企业缺乏自主定价的权力，在煤炭等原材料价格飞速上涨的时期，热电企业产品定价不能及时反映其生产成本的变动，导致其盈利空间缩小，很多企业已经进入亏损状态，这在很大程度上影响了投资企业的经济效益。

此外，目前农村地区可再生能源的推广应用仍以国家财政资金为主，资金来源单一，加之缺乏针对相关技术模式的成功示范推广，无法吸引更多的相关利益方参与项目建设，严重制约农村能源零碳转型发展。尤其在分布式可再生能源的开发方面，由于缺乏成熟的商业模式，仅靠财政资金投入难以满足大规模技术推广应用的需求，因此，急需营造公平开放的分布式能源发展环境，加速市场化能源建设投融资机制，完善价格与收益机制，从而建立以政府为主导，由企业和社会资金协调配合支持农村分布式能源建设的有效的、可持续的商业化、规模化资金运作机制。

二是农村能源零碳发展规范标准与管理服务障碍。合理的行业技术标准可以使分布式能源中复杂的技术趋于简约规范，实现系统的优化管理，有利于我国分布式能源技术和产品参与国际竞争，助力提高和规范能源产品的质量，有助于消除零碳能源技术壁垒。长期以来，我国缺乏对分布式能源及零碳技术多能互补等行业方向较为规范的技术标准，设备制造缺乏标准化、系列化和成套化，一定程度上导致了一些问题。例如，金融部门出台文件，将135兆瓦及以下发电机组列为风险投资，不予贷款，并将陆续撤回以前的贷款；环保部门将生物质清洁供热与火电及煤炭供热设定为污染风险行业，限制了技术的发展。在我国至今将天然气与煤气和液化石油气相提并论，按照同一个安全等级的要求制定规范，严重制约了天然气的合理利用，自然而然地影响到分布式能源的应用。城市天然气系统采用了非常低的压力，不仅造成输送成本的增加，也使得配网的配套投资大大增加；电力接入缺乏规范和标准，导致电网公司可以随意以分布式能源不安全，并可以为解决所谓安全问题漫天要价；建筑的暖通空调规范非常落后，导致几乎所有的建筑都存在设备闲置问题，系统浪费严重，分布式能源系统往往会因此造成规模过大，使用效率下降，经济性差。

此外，我国农村能源服务监管体系有待加强。在能源管理上，要从国情出发，建立健全分布式能源行业管理体系和标准规范体系，摆脱计划经济时代随意行政干预的做法，利用科学技术和先进的管理手段，逐步做到咨询民主化、决策科学化、管理现代化、信息公示化。例如分布式光伏发电在实际操作中，由于缺乏完善的并网调试服务、电能计量和信息管理，导致电费收取困难，业主信息变更频繁，影响行业长效发展。同时，我国能源产业仍存在较为严重的重建设、轻管理等问题，能源服务经营模式较为粗放，管理服务所有制多元化与市场机制化尚未有效形成。因此，可在政府统一规划、统一市场准入、统一价格监管的前提下，通过特定的程序，授予企业一定的权利，按照市场机制参与区域热、电、冷源、管网等的投资、建设、改造和经营，应完善能源设施维护和技术服务网络，加快提高向农户供应能源和提供社会普遍服务的能力，满足日益增长的农村生活用能需求。

三是农村能源零碳发展认知与能力障碍。农村和地方政府管理人员零碳发展理念普遍薄弱，缺乏与农村可再生能源技术应用相关技术，很多行政管理部门对农村分布式能源及其优势和必要性缺乏基本的了解，甚至将分布式能源与小火电混为一谈，导致政府在制定政策法规时，没有考虑到给予分布式能源以相应的支持，从而使得分布式能源在相当一段时期内仍处于缓慢发展中。各级农村能源政府管理人员在农村分布式可再生能源方面的技术管理能力与经验严重不足，相关知识储备和业务素质亟须加强；各级农村能源管理及技术服务网络硬件配备条件较差，信息系统与管理体系智能化程度低，缺乏必要的监测设备，综合业务水平有待提高。

此外，我国空心村现象普遍，留守村镇的妇女占人口比例升高、老龄化趋势较重，妇女与老人文化水平较低，对农村能源零碳绿色转型发展与分布式可再生能源应用推广的重要性和必要性认知明显不足，主观参与度不高，再加上缺乏宣传引导与激励，势必会影响农村分布式可再生能源建设发展，农村能源零碳式转型发展与生态环境改善效果将受到一定阻碍。

1.2.3 农村能源技术零碳建设的可行性及重要性

1.2.3.1 农村能源技术零碳建设的可行性

我国针对农村零碳技术转型具备一定的物质基础、技术基础、政策基础和法律基础，这些基础有助于我国发展农村能源零碳技术，使其具备一定的可行性。

物质基础方面，农村是我国经济社会发展最薄弱的地区，大多数农村地区基础设施落后。目前全国还有约400万人没有电力供应，许多农村地区生活能源仍主要依靠秸秆、薪柴等直接燃烧的传统低效生物质能源。但是，农村地区可再生能源资源十分丰富，加快农村地区可再生能源资源的开发，一方面可利用当地资源，因地制宜解决偏远地区电力供应和农民生活用能问题，另一方面可将农村的生物质资源转换为商品能源，使可再生能源成为农村特色产业，增加农民收入，改善农村环境，促进农村地区经济和社会的可持续发展。

生物质能源利用方面，生物质能作为唯一可存储的可再生能源，具有分布广、储量大的特点，1979年国家就提出要发展生物质沼气技术，如我国沼气发电研发有20多年的历史，国内0.8 ~ 5 000千瓦各级容量的沼气发电机组均已先后鉴定和投产，主要产品又已全部使用沼气的纯沼气发动机及部分使用沼气的双燃料沼气—柴油发动机。这些机组各具特色，各有技术上的突破和新颖结构，已在我国部分农村、有机废水、垃圾填埋场的沼气工程上配套使用。我国生物质成型燃料技术在1985年开发研究，现在已经开发出棒状和颗粒状的成型燃料生产技术，目前生物质固体成型燃料达到5 000万吨，是快速发展的生物质能技术。太阳能光伏技术利用方面，2007年，我国太阳能电池年生产量首次超过日本，一跃成为全球最大的太阳能电池制造国。第一代光伏电池，高效单晶硅效率已达24%，第二代光伏电池在20世纪80年代末到90年代初开发而成。太阳能热利用技术中，太阳能热水器、太阳能制冷和太阳能热发电技术现已形成产业，太阳能热水器是太阳能热利用技术当中发展最成熟的一项技术，也是商业化程度最高、使用最普遍的一项技术，其经历了闷晒式、平板式、全玻璃真空管式的发展。在风能利用技术方面，20世纪70年代末至80年代初，为解决内蒙古牧区农牧民生活用电问题，我国开发了多种百瓦级和千瓦级小型直驱永磁式风电机组，逐步在内蒙古牧区和北方偏远地区推广应用。20世纪初，我国陆续研发了5千瓦、10千瓦、20千瓦、50千瓦和100千瓦的直驱永磁式并网风电机组，并出口到欧美国家为中小型加工企业或农场提供生产和生活用电。近年来，由于光伏组件成本大幅下降，风光互补发电系统有了快速发展。由5千瓦和10千瓦小型风电机组与光伏组件集成的小型风光互补发电系统在移动通信基站领域开辟了新的市场。早在20世纪80年代，我国就开始进行风电机组并网应用的试验、示范工作。2013年以后，金风科技股份有限公司陆续自主研发了2.5兆瓦、2.0兆瓦、3.0兆瓦和6.0兆瓦直驱永磁式系列风电机组，成为全球最大的直驱永磁风电机组研发和生产企业。这些直驱永磁式风电机组于2008年以后迅速进入市场，在我国陆上风电场建设中发挥了重要作用，逐步成为主流机型，在2015年占据我国近30%的市场份额。因此在技术层面上，我国农村能源零碳技术转型具备一定的可行性。

在政策基础方面，在我国持续安全的能源供给是农村社会经济发展和农民生活质量提高的基本保证，是实现农村经济可持续发展的基本前提，是减缓和适应气候变化的有效手段。因此，中华人民共和国成立以来的各个时期，我国政府为促进农业增产、农村生态环境改善和农民生活质量提高，因时因地出台了一系列发展农村能源的政策。例如，2010年国家发展改革委发出《关于完善农林生物质发电价格政策的通知》，其中对农林生物质发电项目实行统一标杆上网电价每千瓦时0.75元的政策。2018年国家税务总局提出的“三免三减半”政策，其中沼气综合开发利用享受企业所得税“三免三减半”政策。2020年财政部、国家发展改革委、国家能源局出台的《关于促进非水可再生能源发电健康发展的若干意见》指出，一是坚持以收定支原则，新增补贴项目规模由新增补贴收入决定，做到新增项目不新欠；二是开源节流，通过多种方式增加补贴收入，减少不合规补贴需求，缓解存量项目补贴压力；三是凡符合条件的存量项目均纳入补贴清单；四是部门间相互配合，增强政策协同性，对不同可再生能源发电项目实施分类管理。自“六五”计划开始，我国就通过国家攻关计划、863计划、973计划安排了一定数量的资金，支持风能、太阳能、生物质能、地热和海洋能等可再生能源的开发和利用技术的研究及产业化发展的前期准备。近年来，国家在产业化发展专项方面也开始关注和扶持可再生能源，这些政策初步奠定了我国可再生能源产业化的基础，也利于我国由依赖传统常规能源逐步转向常规能源和新能源并举的能源多元化战略的推行。

在法律基础方面，迄今为止，我国先后制定了《中华人民共和国电力法》《中华人民共和国煤炭法》《中华人民共和国节约能源法》《中华人民共和国可再生能源法》4部单行能源法律和《中华人民共和国矿产资源法》《中华人民共和国水法》《中华人民共和国环境保护法》《中华人民共和国清洁生产促进法》《中华人民共和国循环经济促进法》等30多部相关法律以及30多部国务院行政法规、200多部部门规章、1 000多部地方能源法规和规章、若干国家和地方能源标准和大量的能源规范性文件。此外，国家批准和签署了10多部与能源相关的国际条约。我国能源法律体系的雏形已经初步构建起来。能源开发利用和管理的各个领域、各个环节的行为大都有法律和行政法规可依，初步实现了从政策治理向法律治理的转变。这些法律法规能为我国农村能源转型提供基础性的法律支撑和制度保障。

1.2.3.2 农村能源技术零碳建设的重要性

我国正处于一个深度变革的时代。过去40多年，我国的经济发展取得了举世瞩目的成就，GDP总量快速增长，城镇化进程加速，贫困人口显著减少。但是，传统的粗放型经济增长模式也导致了资源和能源消耗、污染物和碳排放的成倍增长，给社会带来了巨大的环境与气候风险。2019年，我国能源消费总量为48.6亿吨标准煤，相比1980年增长约70.6%，能源相关二氧化碳排放也快速增加，2019年总量达到98亿吨，位居全球第一。我国零碳转型发展的内容主要包括提高能源效率、电气化发展、可再生能源替代、固碳及能源可持续发展几个方面。实现的主要途径为：一是使用可再生能源以改善因燃烧化石燃料而排放到大气中的二氧化碳，最终目标是仅使用可再生能源，而非化石燃料，使碳的释放与吸收回地球的量达到平衡不增加；二是通过碳交易付钱给其他固碳行业领域、国家或地区，以换取其二氧化碳排放权。零碳转型实现涉及行业领域包含能源产业、建筑、交通、农林业、居民生活及工业生产等。

我国是世界上人口最多的国家，也是能源消费和温室气体排放最多的国家。目前，我国农村人口近5.8亿，占全国总人口的42.65%，行政村总数约为69万个，农村能源消费总量5.9亿吨标准煤，其中农村生活用能3.2亿吨标准煤。当前，我国农村深刻变化下的两个趋势：一是经济快速发展带来的能源需求总量大幅度增加，主要分布在东部沿海和大中城市郊区；二是经济的快速发展带来了农村人口的大量流失，形成空心村，造成电力基础设施成本的大幅度增加，同时在山区和牧区，因农牧民生产方式的变化，形成了阶段性的局部地区电力不可及现象，这部分人口目前占农村人口的3%～5%。

消除贫困、改善民生、实现共同富裕是我国社会主义制度的本职要求，基于农村可再生能源利用发展，推动零碳技术发展，是我国农业农村发展的物质基础，是关系我国社会公平、消除农民能源贫困、提高用能效率，改善农业农村环境的重要内容。通过农村能源低碳转型发展，进一步开发农村可再生能源资源利用，带动农村社会转型、文化转型及制度转型，最终实现村镇的零碳发展目标。

农村能源建设是我国能源战略的重要组成部分，农业农村零碳发展目标与我国乡村振兴、美丽乡村等战略相互包含，也是农业农村发展各项举措目标的最终体现。我国农村能源面临消费层次低、基础设施落后、环境污染重、利用效率低等问题，能源结构亟待优化，能源服务水平急需提升。随着我国生态文明建设与乡村振兴战略的不断推进，零碳发展关系6亿多农村居民生产生活，农村能源变革发展涉及寒冷地区冬季清洁取暖、畜禽养殖废弃物资源化处理、治理农业面源污染等重大民生工程。在农村积极减排，转变发展方式，有助于我国有效应对气候变化。农村能源清洁零碳发展更是改善农村生产生活条件、保护区域生态环境的重要措施。

我国农村区域生物质、太阳能、风能、地热能等清洁能源资源也十分丰富，资源开发利用相对便捷，可以满足农村社会能源需求。因此，依托可再生能源技术和节能技术，开发应用能源物联网和互联网，以清洁能源代替化石能源，走节能零碳发展道路，可以从根本上满足农村区域迅速增长的商品能源供应需求，解决农村生物质资源废弃和化石能源利用导致的环境污染问题，对我国能源战略转型和保障国家能源安全具有重要意义。通过可再生能源开发利用，建立多元的农村能源供应体系，发展能源技术带动产业升级，以合理的能源消费和能源减量为原则，推动高品质可再生能源对低品质能源替代，从而实现能源安全和农村能源可持续利用的目标，并有效缓解我国温室气体减排压力（图1-1）。

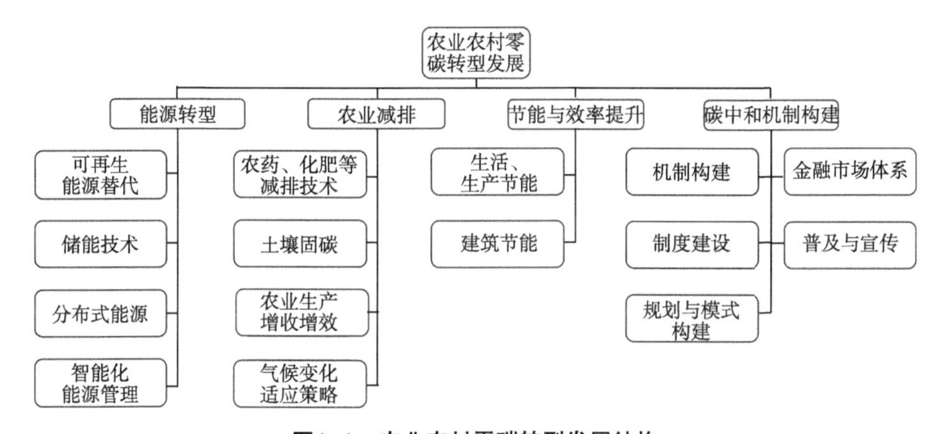

图1-1 农业农村零碳转型发展结构

1.2.4 农村能源技术与零碳发展的实施路径

在农村地区，受经济发展水平和自然禀赋的影响，一些常规能源尚不能大规模输配利用，清洁能源或可再生能源尚缺乏大规模开发，多作为常规能源的补充能源或者辅助能源使用，传统能源为主的供给结构，也决定了我国能源的自由问题和解决的不同途径。

大力开发可再生能源，走零碳转型发展道路，需要在战略引领下，加速技术驱动能力。我国近年来高度重视农村能源的发展，逐步将农村能源放入国家能源战略体系中统筹考虑，资金支持力度不断增加，在探索农村能源转型之路进程中，高度重视可再生能源技术的推动与发展，但农村能源产业结构还是相对单一，缺乏规模化、多元化发展体系的构建，农村能源基础设施、利用效率、规范布局有待进一步突破和完善。

大力开发可再生能源，走零碳转型发展道路，需要因地制宜，创新发展模式。我国不同地区，可再生能源资源禀赋存在明显差异，例如东北及华北地区生物质资源十分丰富，冬季采暖用能需求量大，秸秆及散煤低效能燃烧现象严重；西北地区人口密度小，能源基础设施建设薄弱，太阳能及风能资源丰富，商品能源供应需求较强烈；南方经济发达地区，能源基础设施较完善，农村城镇化发展较快，生物质资源丰富，商品化清洁能源需求度较高；西南地区生物质、太阳能及水能资源较丰富，人口贫困度及生态脆弱度较高，也是农村可再生能源的重点发展区域。

目前，我国风能、水能及太阳能发电利用技术装备较为成熟，并逐步由离网发电向并网发电转型，农村可再生能源发展应针对我国不同农村区域资源禀赋及经济社会发展水平，进一步推动分布式能源建设，创新分布式生物质能源及太阳能热利用供应模式，提升农村居民供电、供暖及供气能力，以散户式可再生能源利用技术为补充，建设多能互补的农村零碳能源供应体系。

2021年1月1日起，全国碳市场首个履约周期正式启动。首个履约周期截至2021年12月31日，涉及2 225家发电行业的重点排放单位。2021年1月，生态环境部公布了《碳排放权交易管理办法（试行）》，自2021年2月1日起正式实施。该文件明确CCER（Chinese Certified Emission Reduction，即国家核证减排量）抵消机制成为碳排放权交易制度体系的重要组成部分。具体来讲，重点排放单位每年可以使用CCER抵消碳排放配额的清缴，抵消比例不得超过应清缴碳排放配额的5%。这意味着，光伏和风电为代表的农村能源减排项目可以将其产生的二氧化碳减排量在全国碳市场出售，获取经济收益。

国外农村能源建设发展现状

全球清洁能源投资由2004年的540亿美元增长到2018年的3 331亿美元，绝大多数清洁能源技术在2018年的投资都有所增加，但增幅不尽相同。生物质和废物转化为能源等小型技术增加18%，达到63亿美元；生物燃料增加47%，达到30亿美元；地热增加10%，达到18亿美元；海洋投资增加16%，达到1.8亿美元。另外，小水电减少50%，降至17亿美元。

在清洁能源和可再生能源迅速发展的大背景下，“一带一路”沿线国家的能源供给、需求和能源结构都发生了相似的变化，但变化程度有所不同。

“一带一路”贯穿欧亚大陆，东接亚太经济圈，西面与欧洲经济圈相交，沿线涉及俄罗斯、马来西亚、印度、罗马尼亚等众多国家。他们在发展国民经济、改善农村用能、应对能源危机等诸多方面同我国有着共同利益。因此，本章按照地域、人文和气候等条件，在常规地域划分的基础上，将“一带一路”沿线国家划分为中亚、东南亚、南亚、西亚、东非和欧洲，并以其中的几个国家为例介绍其农村能源的利用现状，为一带一路国家的能源发展、能源技术交流和规划等提供一定的信息支持。

2.1　柬埔寨

东南亚国家在经济发展过程中出现电力不足的问题，对此各国政府针对电力与能源问题，积极采取政策面倾斜、资金投入（补助）等方式推动新能源产业的发展。

柬埔寨位于亚洲中南半岛南部，东部和东南部同越南接壤，北部与老挝交界，西部和西北部与泰国毗邻，西南濒临暹罗湾，湄公河自北向南横贯全境，国土面积181.035万平方千米，海岸线长约460千米，人口1 924.6万人。

化石能源方面，柬埔寨煤炭主要依赖进口，国内部分地区富含煤矿，但蕴藏量不多，工业开采价值不高。石油、天然气的勘探起步较晚，其石油产品全部靠从国外输入，但近几年的勘探和研究工作表明，柬埔寨的石油和天然气资源蕴藏量丰富，据世界银行相关报告估计，柬埔寨可能拥有高达20亿桶的石油和2.8亿立方米的天然气。据此，柬埔寨在不久的将来有可能成为新兴的能源输出大国。水资源方面，柬埔寨水资源丰富，主要河流有湄公河、洞里萨河等，还有东南亚最大的洞里萨湖，柬埔寨水电蕴藏量约1 000万千瓦，目前已建及在建水电站装机容量为143.5万千瓦，约占总蕴藏量的14%，因此水电资源可开发潜能巨大。太阳能资源方面，柬埔寨太阳能资源丰富，柬埔寨约有13.45万平方千米的土地适宜发展太阳能，平均日太阳辐射量为5千瓦时/（平方米·天），但目前柬埔寨太阳能发展缓慢，仅有两个太阳能试点专案，占太阳能发电潜能的很小一部分。生物质资源方面，柬埔寨生物质资源也较为丰富，主要包括稻壳、甘蔗渣等农业剩余物、林业生产剩余物和畜禽粪便等，柬埔寨政府目前正在积极寻求国外的资金和先进技术发展本国的生物质能。

近年来，柬埔寨经济以年均7%以上的速度快速发展，处于百业俱兴大开发阶段，政府也相继出台并执行对外开放的自由经济政策助力国家发展，成效显著，柬埔寨一跃成为东南亚经济发展最快的国家，被誉为“亚洲经济新虎”。根据亚洲开发银行的报告，柬埔寨的能源需求以每年20%的速度增长。但同时柬埔寨处于缺乏能源供应、能源成本不符合当地经济条件、电力基础设施薄弱的危机。目前柬埔寨电力供应严重不足，电力主要依靠从邻国越南、泰国和老挝进口。至2015年底，柬埔寨供电能1 986兆瓦。同期电力用户已达176万家，年发电量增长了25%，比2014年的47.13亿千瓦时，增至59.90亿千瓦时。柬埔寨14.55%的电力需求来自国外供应，其中最主要的电力进口国为越南（占比11.04%）。为了满足柬埔寨电力发展需求，降低对其他国家的电力依赖，最大限度地利用开发本国的资源，柬埔寨政府制定了电力能源供应战略，即在平等竞争条件下，支持双边、多边及私有企业参与电力能源建设，为经济快速发展提供充足的电力能源。柬埔寨政府出台了以煤气为原料，在沿海建设煤气发电厂基地；政府积极吸引外资，加快大中型水电站建设等政策来发展国家电力，以达到以电减贫、发展经济的目的。为缓解中小型城镇电力供应紧张的问题，政府继续鼓励中小型柴油发电，解决农村偏远地区用电问题。同时，政府积极发展再生能源，减少对进口化石能源的依赖。

随着国家电网覆盖范围的扩大，家庭消费的电价已经从65美分降至20美分或更低。柬埔寨的大部分能源来自水力发电大坝以及煤电厂。2018年，柬埔寨可再生能源累计装机为64.77兆瓦，总发电量为42.52吉瓦时，占比为0.46%（表2-1）。因此，柬埔寨的能源成本在本地区最高，高达0.20美元/千瓦时。相比之下，越南只支付0.07美元/千瓦时。为了解决能源供应缺乏和能源成本不符合当地经济条件的危机，柬埔寨在2020年以前推进了在全国范围内使用水力发电和煤炭发电的计划，同时合理利用太阳能发电，尤其是在偏僻地区。

表2-1 柬埔寨国内电力供应来源

电力来源	2017年			2018年		
	兆瓦	吉瓦时	%	兆瓦	吉瓦时	%
煤	538.00	3 569.01	44.21	538.00	3 211.26	34.50
水电	979.70	2 711.14	33.58	1 329.70	4 511.44	48.47
燃料油	271.98	259.39	3.21	271.98	179.79	1.93
可再生能源	64.77	56.53	0.70	64.77	42.52	0.46
工业持许可证者产电	25.16	37.61	0.47	3.31	8.63	0.09
国内发电总量	1 879.61	6 633.68	82.17	2 207.76	7 953.64	85.45

柬埔寨对液化石油气（LPG）的需求迅速增长，随着人们开始从生物质炉灶转向住宅和商业领域的液化石油气炉灶，液化石油气的消费和需求迅速增加。另外，油气业对柬埔寨贸易、运输与工业的影响越来越大，政府对油气的投资继续保持开放的政策。柬埔寨矿业和能源部最近的一项研究表明，柬埔寨液化石油气使用量平均每年增加7%～10%。

柬埔寨太阳能资源丰富，但限于资金和技术限制，柬埔寨的太阳能开发起步较晚。2013年，柬埔寨政府对全国的太阳能资源进行技术论证。随着光伏成本的大幅下降和《巴黎协定》的通过，柬埔寨政府加快推进光伏的开发和应用。2016年2月，政府对全国首个大型光伏电站进行招标，装机容量为10兆瓦。2017年5月，最终确定的中标电价为0.091美元/千瓦时，开发商与柬埔寨电力公司（EDC）签订为期20年的购电协议。2019年9月，一期60兆瓦项目公布招标结果，中标电价为3.877美分/千瓦时，成为截至目前东南亚市场最低的光伏电价。此外，柬埔寨有多个光伏电站处于规划之中，目前全国正式运行与规划中的光伏电站规模共计410兆瓦。2018年柬埔寨安装19 750个家用太阳能系统，其中装机容量为0.08千瓦的为10 000个，主要位于巴丹邦、柏威夏、暹粒、上丁和奥特达米安奇省，装机容量为0.01千瓦的为9 750个，主要位于磅清扬、贡布、戈公、菩萨、上丁和奥特达米安奇省。

柬埔寨生物质资源也较为丰富，柬埔寨政府正在积极寻求国外的资金和先进技术发展本国的生物质能。2006年，由农林渔业部推广实施“沼气炉项目”。2006—2017年，该项目已推广到全国14个省的边远地区，并安装26 293套沼气设备，在国内建立了一个柬埔寨24个省中的14个省的农村用户可以使用，由当地金融家、建筑公司、熟练的泥瓦匠、生物冶金专家和售后服务技术人员组成的网络（图2-1）。

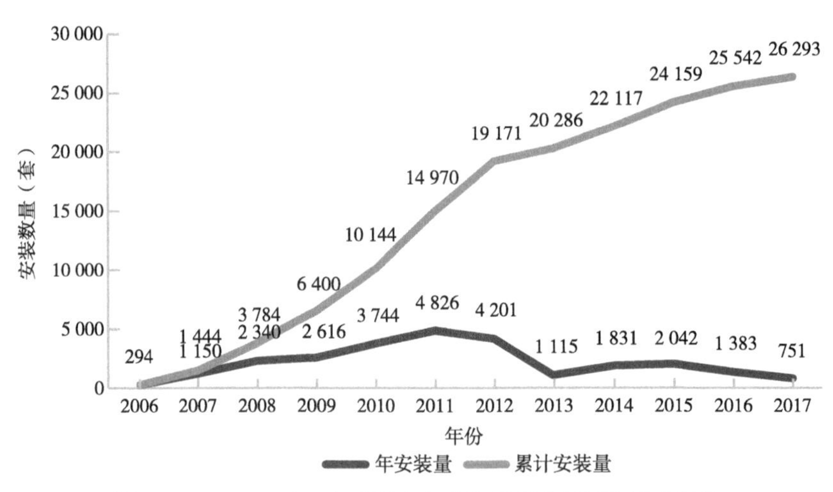

图2-1　2006—2017年柬埔寨年度和累积户用沼气池安装量

2003年柬埔寨政府出台的《可再生能源行动计划》中确定了4个主要目标：一是利用可再生能源技术建设可提供5%发电量的6兆瓦的电站；二是利用可再生能源为100 000户提供用电；三是利用太阳能发电为10 000户提供用电；四是建立可再生能源体系可持续发展市场。柬埔寨可利用的生物质资源主要包括稻壳、甘蔗渣等农业剩余物、林业生产剩余物和畜禽粪便等，采用我国技术模式和印度技术模式生产沼气，2009年6月，已经在8个省建设了5 126个户用沼气池。2008年该国的畜禽粪便量达到了1.7亿吨，可生产沼气112万立方米。柬埔寨可用于种植能源作物的土地面积为207万公顷，主要油料作物为油棕和麻疯树，其中，油棕种植面积为4 000公顷，年产种子60 000吨；麻疯树年产量为68 000吨，可产油17 000吨。

我国政府长期以来向柬埔寨沼气项目提供大量援助。2004年4月，农业部国际合作司司长牛盾率我国农业代表团访问柬埔寨，与柬埔寨农林渔业部签订农业合作协议，由中方派出专家和技术员、援助物资，在柬埔寨农村选择50家农户（2004年一期示范30户，2005年二期推广和培训20户）建立家庭用沼气利用系统，包括沼气池、管道、沼气炉、沼气照明灯，以及相应的厕所、猪圈、厨房的改造；对示范户农民以及农业管理人员进行沼气利用日常管理、维护知识培训；协助柬方制定发展沼气技术计划。此后该沼气池建造和管理模式被柬埔寨采用，且我国的援助一直在进行。例如在2016—2018年，我国向柬埔寨援助1 500套沼气炉设备，这些设备将在特本克蒙、柏威夏、磅清扬、波罗勉、磅湛、柴桢和菩萨省利用牲畜粪便生产能源，沼渣、沼液作为有机肥料还田，不仅帮助农民减少木材使用、降低温室气体排放量，也较好地满足了当地村民的烧菜做饭、点灯照明等日常生活需求，有助于改善当地居民生活条件。柬埔寨目前正在运行一个小型的沼气微电网，可供1 000多个家庭使用。

2.2 菲律宾

凭借得天独厚的水力和地热资源，菲律宾能源自给率达到66.8%，可再生能源占总能源生产的53%。菲律宾电力供应方面，每年的电力需求以4.6%的比例增长，电能仍以煤发电（37%）和天然气发电（30%）为主。菲律宾的终端用户的关税是亚洲国家最高的，电价仅次于日本。菲律宾的电气化发展不平衡，仍有约1 300万的偏远、贫困人口过着没电的生活。对此，该国为发展生物能源采取了一系列措施。在2005年的税制改革中推出“零税率”政策，免去生物能、风能和太阳能等可再生能源产品12%的销售增值税。2007年，《生物燃料法案》要求菲律宾市场上的柴油产品必须掺入1%的生物柴油，所有的汽油产品必须掺入5%的生物乙醇。2009年2月实施的《菲律宾生物能源法》将柴油中生物柴油添加量提高到2%。菲律宾43%的土地用于农业生产，具有丰富的秸秆资源和农产品加工剩余物，稻秸、玉米秆、稻壳、玉米芯、椰子剩余物和甘蔗废弃物等产量达到5 400万吨；同时政府还支持利用生物质能等可再生能源进行发电，2009年5月出台了《可再生能源法》细则，规定可再生能源公司可以享有7年的所得税免税期，目前该国的可再生能源发电装机能力为450万千瓦。2017年的产能为28.4百万吨石油当量（Mtoe），进口石油30.6百万吨石油当量（Mtoe），基础能源总量或一次能源供应总量（TPES）58.1百万吨石油当量（Mtoe）；电力消耗86.1太瓦时。2019年末，地热的总装机容量为1.9吉瓦。

2.3 泰国

泰国全称泰王国，面积51.3万平方千米，首都为曼谷。泰国位于亚洲中南半岛中部，东南临泰国湾（太平洋），西南濒安达曼海（印度洋），疆域沿克拉地峡向南延伸至马来半岛，与马来西亚相接，其狭窄部分居印度洋与太平洋之间。泰国属热带季风气候，全年分为热、雨、旱三季，年均气温24～30℃。泰国国境大部分为低缓的山地和高原，从地形上划分为4个自然区域：北部山区丛林、中部平原的广阔稻田、东北部高原的半干旱农田，以及南部半岛的热带岛屿和较长的海岸线。全国分中部、南部、东部、北部和东北部5个地区，共有77个府，府下设县、区、村，人口数为6 619万人。

化石能源方面，截至2018年，泰国已探明石油总储量2 559吨，天然气蕴藏量约3 659.5亿立方米。泰国天然气供应主要用于发电消费。由于泰国国内天然气需求量快速增加，本国天然气产量不足，进口天然气总量逐年上升。泰国的煤炭资源主要为褐煤，蕴藏量约20亿吨，居东南亚国家第二。2010年褐煤产量为1 823.1万吨，主要用于电力生产及利用锅炉的工业制造业。

太阳能方面，泰国的太阳辐射资源尤为丰富，全国水平面总辐射量处于1 500～2 000千瓦时/（平方米·年），全境70%区域的水平面辐射量超过

1 700千瓦时/（平方米·年）。经评估，泰国约74%的国土面积适合开发太阳能光伏，全国光伏技术可开发量为334亿千瓦时/年。首都曼谷年均温度约为24℃，日照时数每年达到1 800小时。泰国中部与东北部的日照时数每年超过1 850小时，气候条件利于太阳能发展。

风能方面，根据2010年泰国能源部对泰国风力资源的评估，除了南部山区、东北部和西部地区平均风速达到6～7米/秒，全国大部分区域的平均风速小于6米/秒，全国风电理论蕴藏量为3.8亿千瓦。然而，考虑到用地合法性、建设难度、电网接入等因素，根据当时的技术和成本水平，泰国风电的技术可开发量为1 600兆瓦。随着技术的发展，成本的降低和配套设施的完善，泰国的风电潜力将得到进一步挖掘。根据政府规划，到2036年，泰国风电装机容量将达到3 002兆瓦。

生物质能方面，根据资源评估，泰国水稻、甘蔗、棕榈等农业剩余物的理论蕴藏量为2 000亿千瓦时/年。此外，泰国还是东南亚最大的生物燃料生产国，是亚洲范围内仅次于我国和印度尼西亚的第三大生产国。泰国最重要的生物质燃料是以糖浆和木薯为原料制成的乙醇，以及从棕榈树获得的生物柴油。另外，泰国的沼气产业发展十分迅猛，远超东南亚其他国家，其主要原因在于政府以直接补贴或减税等方式支持各种沼气项目。泰国正加大对生物质发电产业的政策扶持力度，未来有望促进泰国生物质能产业快速发展。

根据国际能源组织（IEA）数据显示，2017年底泰国全国电力覆盖率达100%，城镇和农村通电率均为100%。泰国能源部的数据显示，泰国国内的电力装机容量由2012年的30 318兆瓦上升到2018年39 496兆瓦，同期内电力进口容量由2 282兆瓦增长至3 878兆瓦。燃气发电是泰国的主要电力来源。2018年泰国国内发电量为1 776.4亿千瓦时，燃气、燃煤、燃油、水电和其他可再生能源发电量分别为1 162.7亿千瓦时、358亿千瓦时、1.8亿千瓦时、76亿千瓦时和178亿千瓦时，其中燃气发电占国内发电量的65.5%。此外，2018年泰国进口电量为266.7亿千瓦时，电力进口量占总发电量的比例由2012年的5.9%上升至2018年的13.1%。由此可见，在泰国的电力供应结构中，火力发电目前仍为泰国主流发电形式。在火力发电当中，泰国对天然气发电的依赖性非常高。

近年来，泰国的可再生能源发电稳步增长。截至2018年底，泰国可再生能源累计电力装机为11 368.9兆瓦（包括离网和自用项目），较2015年提高42.8%，光伏、风电、小水电、生物质发电和大型水电装机容量分别为2 962.4兆瓦、1 102.8兆瓦、187.7兆瓦、4 196兆瓦、2 919.7兆瓦，其中生物质发电占比最高，达到36.9%。

泰国2011年的装机容量约为32.4吉瓦，主要产自天然气、煤和可再生资源。为满足持续增长的电力需求，泰国政府计划于2030年将发电量提升至70吉瓦，新增电力将主要来源于可再生能源及天然气发电厂。在泰国能源消费构成中，汽油和相关液体燃料占比最高（2012年超过38%），紧接着是天然气（占比33%）。生物质和固体废物约占16%，煤炭约占13%，包括水电在内的其他可再生能源约占2%。

泰国虽然是石油和天然气生产国，但为满足日益增长的消费需求，该国能源消费仍大量依赖进口。受制于本国石油存储量及供给能力，石油对外依存度较大。从2000年开始，泰国开始进口天然气。2011年，泰国国内的天然气产量约为1.3万亿立方英尺（1立方英尺=0.0 283 168立方米，全书同），但消费量达到约1.64万亿立方英尺，需从国外进口天然气0.34万亿立方英尺。根据泰国能源部统计，泰国的天然气产量2017年达到峰值，随后下降，直到2030年，天然气将开发耗尽。为此，泰国能源部门努力降低天然气在能源结构，尤其是电力结构中的比例，并获得了一定的成效。2000年，电力供应结构中，天然气发电所占的比率高达约80%。2010年，这一比例还高达76%。2011年，下降到71%。其中一项最重要的措施，则是大力发展生物质能。泰国生物质资源主要为农业和木材加工剩余物，年产量达到1.17亿吨，相当于1 017.3万吨石油当量。泰国沼气技术主要用于处理养殖场畜禽粪便和食品加工等企业废水。1995—2004年，泰国ENCON基金会共提供了9.61亿泰铢补助养猪场建设沼气工程，总产气能力为32.6万立方米。工业废水产沼气潜力为440兆立方米，目前已经建设10个装机能力为10.38兆瓦的沼气发电站，上网电量为6.79兆瓦。在泰国，最重要的生物质燃料是乙醇和生物柴油。从1977年开始，泰国就开始使用燃料乙醇。泰国木薯年产量为1 800万吨，每年用于生产燃料乙醇的量仅为200万吨，年产燃料乙醇100万升。生物柴油主要原料为油棕和椰子油。泰国是世界上第三大棕榈油生产国，生产能力为50万升/天。泰国限制生物柴油的出口。自2008年出台可再生能源发展战略之后，泰国新能源有所发展，重点为大力发展太阳能。政府甚至提议支援在泰国安装10万个家用光伏系统及1 000个商业屋顶系统，装机总量达800兆瓦。Symbior Energy的子公司Symbior Solar Siam 2014年在泰国农村40个网站安装190兆瓦的光伏项目，费尼克斯太阳能在泰国建72兆瓦光伏电站，法国布依格集团在泰国开发30兆瓦光伏电站等，以及众多10兆瓦以下的中小规模项目。泰国未来20年的长期电力发展规划中，原来拟建设4座核电站的规划因众多的反对意见也缩减至2座，并延迟了核能电站建设。

2.4 印度尼西亚

印度尼西亚有13 000多个岛屿和2.4亿人口，大部分人口在农村，因经济发展不平衡，该国的贫困人口也大部分在农村。印度尼西亚的能源需求50%都是由化石燃料来提供，能源需求大于供给，目前能用上电的人口较少。为解决能源供需矛盾，印度尼西亚政府在大力发展太阳能的同时倡导发展生物质能。目前，在政府的政策支持下，印度尼西亚的沼气已具一定的规模和水平，其生物质资源主要为稻壳和棕榈渣，2008年的产量分别达到了1 200万吨和1 900万吨，同时已经在29个省建设了1 048个沼气工程和1 745个户用沼气池。2007年，印度尼西亚投产19家生物柴油厂，产能达到175万吨。2017年的煤发电148亿千瓦时，2018年的煤产量549兆吨，出口182兆吨。地热装机容量在2018年增加了140兆瓦，在2019年增加了182兆瓦。2019年底生物柴油产量约占全球的17%。生物汽油的产量由2018年的40亿升增加到2019年的79亿升，几乎翻了1倍。

2.5 越南

越南位于东南亚的中南半岛东部，北与我国广西、云南接壤，西与老挝、柬埔寨交界，国土狭长，面积约33万平方千米，紧邻南海，海岸线长3 260多千米，是以京族为主体的多民族国家，人口总数为9 620万人。伴随城市化进程，目前越南城市人口比重较10年前增长了4.8个百分点，占总人口的34.4%，农村人口占65.6%。

化石能源方面，越南目前已探明煤炭储量约38亿吨，其中优质无烟煤约34亿吨，其余为褐煤和泥煤。截至2014年底，越南煤炭剩余可采储量为1.5亿吨。越南已探明石油和天然气储量分别约为2.5亿吨、3 000亿立方米。目前越南油气勘探开发活动主要集中在北部湾、南海西部到南沙西部的广阔海域内，在南海已有20多个油田投入生产（图2-2）。

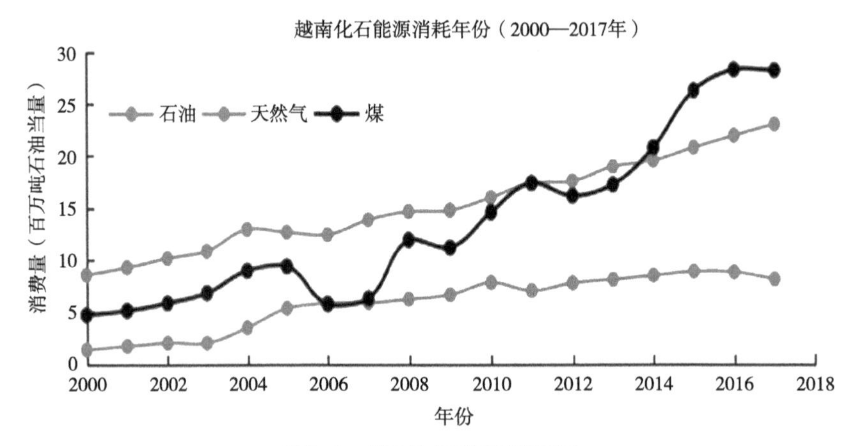

图2-2　越南化石能源消耗量

数据来源：《世界能源统计年鉴2018》

水能资源方面，越南年均降水量1 900毫米，其中汛期来水量占60%～70%，年均径流量32.5万立方米。由于特殊的地理和气候条件，水电开发在越南国家能源发展战略中具有重要位置，大力开发水电资源是越南长期能源政策的核心之一。越南水能资源理论蕴藏量为3 000亿千瓦时/年，经济可开发量为1 900亿千瓦时/年，技术可发量为1 000亿千瓦时/年。

太阳能资源方面，越南资源匮乏，但越南光照条件颇为优厚，越南尽管是东南亚太阳能、风能等清洁能源储量最为丰富的国家之一，冬天太阳辐射量在3～4.5千瓦时/（平方米·天），夏天的辐射量在4.5～6.5千瓦时/（平方米·天），阳光照射时间为1 800～2 700小时/年，相当于4 390万吨原油/年，风能储量达24吉瓦/年，甚至高于我国I类资源区，富饶的光照条件已成为越南光伏投资的重要因素。越南对太阳能、风能、生物燃料、沼气、煤层气和天然气水合物开发利用尚处在初级阶段。随着国家鼓励政策的出台，越南将迎来清洁能源发展新机遇。为了推进光伏市场发展，越南相关政府持续推出了一系列措施。2004—2009年，越南政府在东北部投资建设100个家庭太阳能发电系统、200个住宅系统，在湄公河三角洲的前江省和茶荣省建立了400个家用太阳能电池系统，但太阳能发电占总发电量的比例甚微。越南电力集团（EVN）提供的数据显示，截至2019年4月，越南仅有150兆瓦项目并网，到2019年6月30日越南已并网太阳能电站达到了82个，装机总量为4 460兆瓦。在两个月时间，越南新增光伏装机量超过4吉瓦。因此，越南光伏市场未来几年将持续呈现爆发式增长趋势。

风能资源方面，越南的风力资源较为丰富，平均风速为5.5～7.3米/秒，并拥有3 260多千米的海岸线，是东南亚地区有条件发展海上风电的国家。资源评估数据显示，越南全国的风电理论蕴藏量为26 763兆瓦。根据越南的电力发展规划，2020年全国的风电装机应达到1 000兆瓦，并在2030年达到6 200兆瓦。截至2019年5月底，越南共有7个风电场投入运行，装机容量为331兆瓦，市场潜力巨大。由于技术进步，风力发电成本下降，风电价格也随之下调。越南风电市场发展潜力巨大，迄今已吸引新加坡、韩国等多国投资者投资。目前，位于湄公河三角洲的茶荣省人民委员会批准了新加坡Janakuasa 公司和越南Ecotech公司共同投资建设的协青（Hiep Thanh）风电厂，总投资金额约1.465亿美元，安装18～19个机组，总装机容量达到78兆瓦，电厂占地2 700公顷。此前，韩国UnisoneTech和胡志明市的亚洲能源石油公司共同投资开发海缘（Duyen Hai）风电厂第一阶段，投资约1.21亿美元，11个机组设计装机容量为48.3兆瓦，每年发电量达13.52万兆瓦时。此外，西门子Gamesa再生能源公司（SGRE）也宣布将在宁顺省安装和调试装机容量为39兆瓦的风电机组。在离岸风电厂方面，英国可再生能源企业财团将在越南Ke Ga海域投资东南亚最大的离岸风力发电厂，目标是2022年底完成涡轮发动机安装，在2023年完成600兆瓦发电量的初始建设。2019年1月越南总理要求投资方对该项目可行性进行调研，并正式纳入第7个国家电力发展总体规划，3月初相关调研及占地2 000平方千米的工作计划、环评报告等提交工贸部审核。

生物质能资源方面，目前，生物质能仍在越南的能源结构中占较大比重。越南的主要农作物是水稻，其他农作物还包括玉米、木薯、甘蔗、咖啡和橡胶。越南主要的生物质能来源是稻壳、水稻秸秆、其他农林剩余物和动物粪便。根据2010年的农作物产量估算，稻壳、水稻秸秆、玉米芯、木薯茎秆、甘蔗渣等农业剩余物直燃发电的生物质能理论蕴藏量为848.75亿千瓦时/年。农村地区的生活用能是越南生物质能的主要消费途径，工业化利用较为有限，未来发展潜力较大。越南畜牧业部门于2003年启动沼气计划，目的是开发一个商业上可行的沼气市场。该计划由越南农业和农村发展部（MARD）发起，与SNV荷兰发展组织（SNV Netherlands Development Organisation）合作，并由MARD下的畜牧业生产部门负责实施。SNV荷兰发展组织以技术顾问的角色参与。沼气池生产沼气和生物泥浆。沼气用于烹饪（用于家庭和牲畜原料），作为电力生产的燃料，之后可以提供照明和其他产生收入的活动，如黄酒和豆腐的生产，以及鸡蛋孵化。作为肥料的生物泥浆可以提高优质作物的产量，这些作物可以以更高的价格出售。该计划自成立以来，已为建造近25万个家庭沼气池提供便利，使人们能够获得清洁、可再生和可靠的能源，同时应对该国日益增长的牲畜数量带来的废物管理挑战，改善了120多万人的生活条件。为降低家庭的初始投资，政府为每个家庭提供一个统一的补贴。最近，该补贴正在逐步取消，取而代之的是一种基于供应商产出结果的融资激励，以促进市场竞争。2016年年中至2017年，在这一机制下越南建造了16 500个沼气池。

随着经济的发展，越南化石能源的消耗量呈稳步上升的趋势，且煤炭的消耗量在2014年以后迅速增加。越南电力供需矛盾日益突出。2013—2017年，越南高峰负荷和电力生产的年均增长率分别为11.47%和11.40%。尽管近5年来发电量年均增长12%～13%，但仍供不应求。IEA数据显示，2017年底越南全国电力覆盖率达99%。其城镇和农村通电率分别为100%和98%。无电人口为100万人。截至2018年底，越南全国的生物质发电装机容量约为212兆瓦。2012年，越南天燃气、水、煤炭和油发电量分别占总电量的39.4%、38.8%、21.4%和0.4%。2016年3月，越南出台《越南第七个电力发展总体规划（2016年修订版）》（以下简称《规划2016》），以满足国内社会经济发展和人民日常生活对电力的需要。其具体目标为，在2016—2020年为国内提供充足的电力供给，满足越南经济增速达到约7%的目标；2020年、2025年、2030年商业用电分别达到2 350亿～2 450亿千瓦时、

3 520亿～3 790亿千瓦时、5 060亿～5 590亿千瓦时；优先发展可再生能源供电，可再生能源发电占比在2020年和2030年分别达到7%和超过10%；建立从输电到配电操作灵活且高度自动化的电网系统；加速农村和山区的电气化项目实施，以确保绝大部分农村家庭在2020年能够用上电。在电网建设方面，越南将建设和升级国家电网，满足相关输配电要求；解决过载/电力拥堵事故和低压输电的效率问题。建设500千伏输电网以实现大规模发电中心到负载中心的电力运输，确保与区域电力系统和周边国家的电力持续互联。同时，也将考虑建设220千伏输电网，以及在负载中心建立地下和全自动的变电站，在输电线中运用微网技术。根据《规划2016》，至2030年，越南将建立3 714千米的500千伏线路和3 435千米的220千伏输电线路，以及23 550兆伏安的550千伏变电站和32 750兆伏安的220千伏变电站。另外，根据《规划2016》，到2030年，越南最大负荷将达到9 100万千瓦，年均增长8.1%。到2030年，越南装机将达到12 800万千瓦，通过发展国内电源可以满足负荷增长需求。越南新增电源以煤电为主，需要进一步加大煤炭进口，同时积极从周边国家进口电力。2016—2030年电源和电网延伸所需约为32 066 520亿越盾（1 480亿美元）。

2.6　老挝

老挝国土面积23.68万平方千米，山地和高原占全国总面积的80%。老挝具备一定的发展太阳能资源的条件，其光照辐射强度在3.6～5.5千瓦时/平方米，年日照时数在1 800～2 000小时。老挝全国有20多条流程200千米以上的河流，其中最长的是纵贯老挝的湄公河，境内全长1 877千米，水资源丰富，水电资源理论蕴藏总量约为3 000万千瓦。老挝政府高度重视本国水电资源开发和利用，大型水电站集中在老挝的南部和中部地区，北部地区水电站装机规模较小。老挝国家电力公司及下属的发电公司EDL-GEN，2013年共拥有水电站12座，发电量合计达2 077.82吉瓦时。

老挝国家电力公司的数据显示，从2007年开始，除2011年的老挝电力消费量（7.7%）小于15%，其他年份老挝的电力消费量的增长率一直保持在

15%以上。至2014年底，老挝输电线路总长超过4.7万千米，发电站共计50个，全国供电覆盖率达87%。在建农村输电线项目48个，总投资额2万亿基普，已有超过1.2万户家庭使用太阳能。

为实现经济社会发展目标，老挝政府将加快中小水电站建设，开发生物能源、太阳能、风能等7种替代能源。老挝生物质资源主要是稻壳等农业生物质剩余物和能源作物，其中2008年稻壳和稻草产量为330万吨，甘蔗产量为74.9万吨。老挝政府对于沼气池建设给予一定的补贴，并对官员和建筑工进行培训。从2007年4月开始发展沼气，2009年达到600户。2019年，老挝的几个大型水力发电项目已经完工，其发电能力为1.9吉瓦，使老挝的总发电能力达到7.2吉瓦。

2.7 缅甸

缅甸拥有7个省、7个邦和两个中央直辖市，人口6 000万以上，仅有26%的人口可以正常使用到电力资源。经济的发展导致缅甸电力资源的供应不足问题日益严重。对此，缅甸政府把发展可再生能源提到了首位。缅甸总区域36%的地域太阳能辐射每平方米18～19兆，太阳能存储能力有望持续增长，从2013年的0.7兆瓦到2016年的50兆瓦。潜在可用风能由2013年的120兆瓦增加到2021年的1 209兆瓦。缅甸拥有无数的地热资源，在皎漂的克钦邦、掸邦、克耶邦的南部，缅甸中兴区域及Shwebo-Monywa盆地特别是蒙邦及德林达依区域都发现了热泉。另外，政府收集了全国范围内的动物粪便作为能源项目为农村提供电力。缅甸政府大力支持种植麻疯树用于生产生物柴油。2005年，制定了320万公顷的发展规划，目前已经种植190万公顷。酒精产业在缅甸也得到了一定的发展，木薯、甜高粱、甘薯等能源作物有一定的种植面积，并且建设了大型酒精—汽油混合燃料生产厂，年生产能力达到738万升，占2004—2005年总进口油量的1.7%。2017年产能28.8百万吨石油当量，基础能源总量或一次能源供给总量（Total Primary Energy Supply，TPES）22.8百万吨石油当量，电力消耗18.1太瓦时。

2.8 马来西亚

马来西亚盛产石油和天然气，国土面积为330 000平方千米，热带雨林气候，多降雨，长海岸线，河流众多。2011年，其人口数为2 830万人，大多数住在马来西亚半岛上。2015年的统计数据显示，该国的发电量和需电量从2010—2014年平均以4%的速度增长（图2-3）。

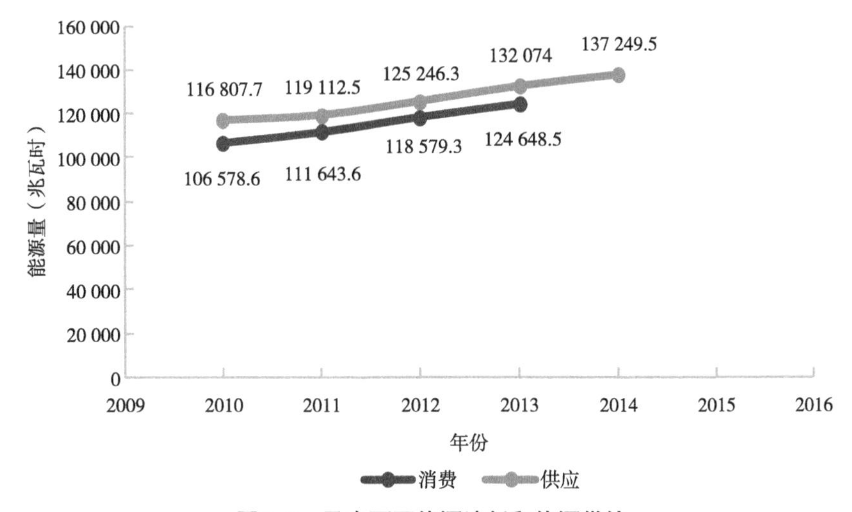

图2-3　马来西亚能源消耗和能源供给

预计2030年马来西亚的用电需求将超过15 000吉瓦，是2010年的1.5倍。当前，马来西亚的电能主要是通过以燃气结合循环装置的气轮发电机产生的，其次是蒸汽发电机。马来西亚政府在2001年启动了“小型可再生能源发电装置计划”，希望降低化石电能的比重。该计划的第一步是鼓励和加强发电装置使用可再生能源。可再生能源如太阳能、光伏、沼气、生物质、迷你水电及固体废物等被用于生产电能。2011年，可再生能源贡献了1%的发电量，到2030年，产电量可达到总发电量的13%。由于马来西亚被我国南海围绕，赤道气候，长海岸线，每年降水250厘米，水力资源丰富，据估计水电潜力为29 000兆瓦。像沙巴和砂拉越两个州，这些近海但比较偏远，难与国家电网相连的地方正准备开发海水发电。

马来西亚一次能源供给主要来源于化石能源，2012年起，马来西亚是东南亚第二大石油和天然气生产国。马来西亚拥有大量的太阳能资源，每年的光照强度为1 400～1 900千瓦时/平方米，光能每年约为1 643千瓦时/平方米。马来西亚政府2030年可再生能源发电的装机容量力争达到27 000兆瓦，当前光伏发电占可再生能源发电累积供应量的60%（图2-4）。为促进光伏发电的发展，截至2010年4月，马来西亚政府向太阳能灯绿色技术投资1.57亿马币。2019年，马来西亚安装了约0.6吉瓦太阳光伏。

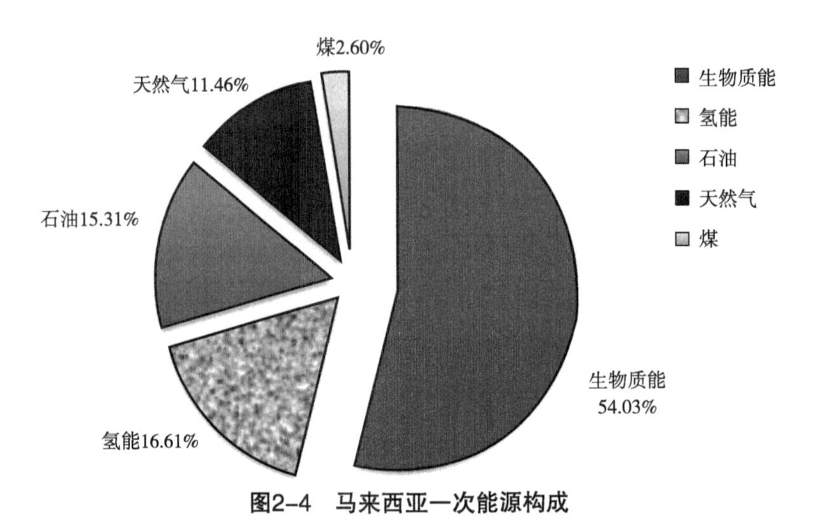

图2-4　马来西亚一次能源构成

2.9　印度

20世纪90年代以来，印度经济改革不断拓展和深化，经济实现持续增长，现在印度已成为世界经济增长的主要亮点和主要的新兴市场之一。2003—2004年和2006—2007年平均GDP增长率为8.5%，能耗年均增长2.76%。在印度能耗结构中，煤占53%、石油占33%、天然气占8%、核电占1%。印度年产煤4.44×10^8吨，年耗煤4.78×10^8吨；原油日产8.91×10^4吨，日消费原油36.03×10^4吨；天然气年产281.87×10^8立方米，年消费天然气308×10^8立方米。煤、石油、天然气均供不应求。为使经济增长速度到2031年保持在年均8%的水平，印度至少需要将一次能源供应能力提高到目前消费量的3～4倍，将电力供应能力提高到目前消耗量的5～7倍。

然而，印度油气资源储量有限，截至2007年1月印度探明的石油资源储备为7.67亿吨，在亚太地区仅次于中国，居第二位。但在世界石油储藏量中所占比例很小，只有0.5%；天然气储量有1.1万亿立方米，但也只占世界天然气总储量的0.6%。煤炭储量要丰富一些，有924亿吨，占到世界总储量的10%。但是，印度人口约占世界总人口的17%，从印度油气资源储量和在世界人口中所占的比例及其高速增长的经济状况比较分析，印度属于油气资源短缺国家。

2006年印度本国日平均生产石油11.59万吨，其中8.88万吨即77%是原油。国际能源机构估计，印度在2006年登记的石油需求量为每天1.37万吨，2007—2008年的石油需求量也维持在这一水平。印度对进口能源的依赖率为18%，但对进口石油的依赖率高达68.9%，其中对来自中东进口石油的依赖率为67.4%。对天然气进口的依赖率为17%。到2031年，印度能源进口依赖程度将进一步提高，达到80%，其中煤的进口将达到14.38亿吨，是2001年煤消耗的4倍，进口依赖度为78%；石油进口将达到6.8亿吨，对外进口依赖度为93%；天然气进口将达到93亿立方米，对外依赖度为67%。对外国石油和天然气的严重依赖，特别是严重依赖中东海湾国家的油气资源，不仅使印度耗费大量的外汇储备，而且为印度经济发展带来潜在威胁。伊拉克战争、阿富汗战争、印巴克什米尔争端导致地区政治经济局势严重不稳定，本国存在的恐怖主义威胁都有可能对印度进口海湾国家石油和天然气造成危机。同时，近年来的国际油价持续上涨，而且增长的速度惊人。2002年国际油价仅为每桶20美元，而2007年7月31日，纽约市场轻质原油期货价格为每桶78.21美元。在2005年和2006年也多次大幅度上涨。国际能源机构的报告显示，2007年全球石油日均需求量1 178万吨，比2006年增加2%，而2006年比2005年的增速只有0.9%。2007年末，油价甚至飙升到100美元大关。未来几年，由于世界经济增长仍将处于强劲势头，世界也将继续对能源保持旺盛的需求。到2021年，全球每天所需原油为1 330万吨。因此，油价的持续上涨是必然趋势。高油价及经济高增长，迫使严重依赖进口石油和天然气的印度选择发展生物能源战略。

印度可开发的生物能源资源的条件比较成熟。根据印度土地资源局的统计资料，印度有6 390万公顷的荒地不适宜农作物生长。其中，高原山地占19.4%，土地退化的林地占14.1%，其他如冰川、贫瘠的荒地、内陆沙漠、海岸、沟壑地、沼泽、轮垦地、废弃的矿山地、退化的草地等占66.5%。有1 700万公顷的荒地适宜于种植含油丰富的非食用油料植物麻疯树。麻疯树植物生长的环境具有多样性，既可以在农业生产环境地区生长，也可以在干旱地区生长，还具有抗病虫害能力强、含油丰富的特点。乙醇和生物柴油属于可再生能源，可以减轻印度对进口石油和天然气的依赖，增强印度能源安全。早在1977年，印度就成立了6个委员会和4个研究机构研究和探讨乙醇混合燃料问题。不过，进展不是很大。2000年，石油和天然气部决定在几个主要产糖邦，如马哈拉施特拉邦、北方邦等，实施在汽油中混合乙醇的计划。2001年，在300个零售点销售乙醇混合汽油。乙醇混合汽油试验取得很大成功。2002年，石油天然气部将试验扩大到安德拉邦、旁遮普邦和北方邦的其他地区。同时，印度政府组织专家研究汽车使用乙醇混合汽油。2002年9月，政府决定从2003年1月1日开始在安得拉邦、果阿邦、古吉拉特邦、哈里亚纳邦、卡纳塔克邦、马哈拉施特拉邦、旁遮普邦、泰米尔纳杜邦、北方邦9个邦，以及昌迪加尔、达德拉和纳加尔·哈维利、达曼和第乌、本地治理4个中央直辖区，推广实施5%的乙醇混合汽油计划。随后将把该计划推广到印度全国，而且尽快把乙醇在混合汽油中的比例从5%提高到10%。按照5%的比例使用混合汽油，在以上9个邦和4个中央直辖区中，以2003年的消费情况，每年将消耗460万吨混合汽油，每年所需乙醇为3.2亿～3.5亿升。2012年，乙醇在混合汽油中所占的比例提高到20%。为此需要将种植非食用油的植物种植面积扩大到40万公顷。

2005年10月，石油和天然气部制定了生物柴油采购政策。对于在荒地种植麻疯树的农民给予优惠贷款，贷款偿还期可以延长4年，与农民签订回收麻疯树果合同，推动立法机构将开发和使用生物能源纳入法制轨道，将生物柴油归入可再生能源，以便获得政府更多的政策支持和资金补贴。生物能源原材料的生产地域广泛，特别是在干旱或半干旱地区种植可提炼乙醇和生物柴油的植物，既可以增加农民的收入，又可以绿化荒山、荒地，从而达到改善环境的目的。使用生物能源，可以降低环境污染，使印度能遵守更加严格的环境保护标准。农民生产的甘蔗及其副产品可以得到充分再利用。发展生物能源还可以改善农村就业现状和提高农民的生活水平。

2017年煤发电1 134太瓦时，油发电25太瓦时；可再生能源发电263太瓦时；太阳能光伏发电26太瓦时，净装机容量19.0吉瓦；风力发电51太瓦时，净装机容量32.8吉瓦；水力发电142太瓦时，净装机容量48吉瓦；原油进口220兆吨。2018年煤产量771兆吨，进口239兆吨。在2019年底，光伏新增装机容量为9.9吉瓦，总装机容量为42.8吉瓦。2019年，印度水电发电量激增15.9%，达到162太瓦时。2019年风力发电比2018年新增8.5%，乙醇产量上涨了70%，达到了20亿升。

2.10　巴基斯坦

巴基斯坦占地面积796 095平方千米，人口1.8亿人口，其中约62%为农村人口。随着经济的发展，巴基斯坦面临着长期能源短缺的紧张局面，能源已经成为制约巴基斯坦经济发展的瓶颈，巴基斯坦的产能严重依赖进口石油，每年需要进口1.45百亿美元的石油，耗费了大量的宝贵外汇。巴基斯坦电力资源存在长期结构性问题，电力资源对石油和天然气的依存度较高。作为贫油国，巴基斯坦政府从确保能源主权的长远战略出发，为减少对石油资源的依赖和减轻对全球气候的影响，在2030年能源战略规划中，政府把可再生能源发电放在重要的战略地位。

巴基斯坦蕴藏着丰富的可再生能源资源，水电蕴藏量约为4 600万千瓦，主要集中在北部山区高位差堰河流和南部平原的低位差堰河流，目前大约开发了14%（650万千瓦），主要在北部山区，其中5万千瓦的小水电为25.3万千瓦。巴基斯坦具有巨大的风能潜力，信德省1 046千米的海岸线被认为蕴藏的风电能量约为5 000万千瓦。一些地区50米高处风速达6.5米/秒，风力发电机容量系数估计为23%～28%。巴基斯坦大部分地区，特别是在信德省、俾路支省和旁遮普省南部，一年中超过3 000小时光照时间，接收太阳辐射0.2万千瓦时/平方米，是全球日光照射较强的地区。巴基斯坦农业和畜牧业生产产生大量的副产品，包括农作物残余物和动物粪便，如稻米壳、秸秆和家畜粪等。大多数的副产品已经收集，但多数没有被经济利用和处理。此外，城市固体垃圾目前仍然采用掩埋法处理，未用来生产沼气或焚烧发电。巴基斯坦制糖厂已经利用甘蔗渣发电，并允许将多余的电并入国家电网，限额为70万千瓦。

2.11 俄罗斯

俄罗斯是世界能源大国，拥有丰富的能源储量。蕴藏着天然气、石油、水力、电能、核能、地热、风能和海洋能等丰富的资源。2001年末，俄罗斯已探明的石油储量为97亿吨，约占世界储量的6.4%，居世界第7位。但从潜在资源角度来看（即目前由于经济或技术原因还无法探明和开采的数量），俄罗斯的石油资源约占世界的14%，位居各国之首，其中3/4的资源集中在西伯利亚北部。俄罗斯拥有丰富的天然气资源。根据2001年末的统计，俄罗斯拥有47.6万亿立方米天然气，占世界已探明储量的30%，居世界首位。俄罗斯天然气主要产自西西伯利亚地区。目前西西伯利亚地区的天然气产量占俄罗斯天然气总产量的87%左右。俄罗斯东西伯利亚地区的天然气资源总量为31.8万亿立方米。俄罗斯拥有世界硬煤储量的37%，居世界第1位。褐煤占世界储量的6%，居世界第5位。主要的煤炭产地分布在南西伯利亚、南萨哈盆地、彼特舒拉盆地以及东顿涅茨克盆地。俄罗斯远东地区的煤炭储量占全俄的60%。已勘探的煤田约有100个，确认储量为181亿吨，其中65%为褐煤、35%为石煤（其中46%为焦煤），80%以上的预测资源和42%的确认储量集中在萨哈共和国。

虽然俄罗斯能源丰富，但人均拥有量并不高。俄罗斯目前年人均能源消耗为6.3吨固体燃料。如果将其全部转化为优质煤产生的热能来计算，多于欧洲人均4.7吨水平，目前世界人均水平为3.3吨。如果按国民能源拥有量来看，俄罗斯人均是美国和英国的2.5倍，至于动力所需的能源资源，天然气和石油占能源消耗总量的80%以上。在需求中热能和电力保障占47%，但应指出，热能在能源中占绝大部分（其中锅炉和分散供热占17%）。俄罗斯每年出口占总量1/3的燃料，这反映了俄罗斯实际需求低于欧洲平均水平。

俄罗斯由于其庞大的石油和天然气储量，使得其对新能源和清洁能源发展的重视不够。但近年来，俄罗斯开始积极发展应用先进清洁能源技术，俄罗斯核能发电技术一直处于领先地位。2009年，俄罗斯联邦政府制定并通过了《俄罗斯联邦2030年前能源战略》，重点对新能源发展应用的前景规划和扶持政策做了相关规定。到2030年，俄罗斯要使新能源需求和使用占到整个能源消费结构的15%左右，依靠清洁能源生产的电力要占整个电力生产的7%~10%，达到1 600亿千瓦时左右，太阳能、小水电及风能在整个清洁能源电力生产方面最具发展前景，同时，俄罗斯着手制定清洁能源投资鼓励计划，除了政府预算资金之外，还积极寻求私人投资，2020年动用2.8万亿卢布用于可再生能源发电的研发和投资。

2017年的产能1 429.2百万吨石油当量，进口664.1百万吨石油当量，TPES：732.2百万吨石油当量；电力消耗978.4太瓦时；煤发电175太瓦时；天然气发电519太瓦时；可再生能源发电186太瓦时；水力发电187太瓦时，净装机容量52吉瓦；核电203太瓦时，净装机容量26吉瓦；原油出口252兆吨。2018年的煤产量420兆吨，出口433兆吨。据报告，至2019年年底，俄罗斯火力发电164 612.14兆瓦（66.82%），水力发电49 870.29兆瓦（20.24%），核电30 313.18兆瓦（12.3%），风力发电190.54兆瓦（0.077%），太阳能发电1 362.72兆瓦（0.553%）。

2.12 罗马尼亚

罗马尼亚能源资源丰富，是众多欧洲国家中拥有化石能源最多的国家，如天然气、原油和煤（主要为褐煤）。尽管罗马尼亚拥有欧洲5%的原油和最大的天然气和叶岩储存，但仍需进口天然气，在2010年，进口的天然气为天然气总消耗量的17%，其中98%是从俄罗斯进口的，原油进口量达到了66%，为此该国力图降低原油和天然气的对外依存度。国内可提供70%的一次能源需求，同时也注重核能的开发和利用，该国19%的电能是由切尔纳沃德核电站的2个核反应器产生的（图2-5）。

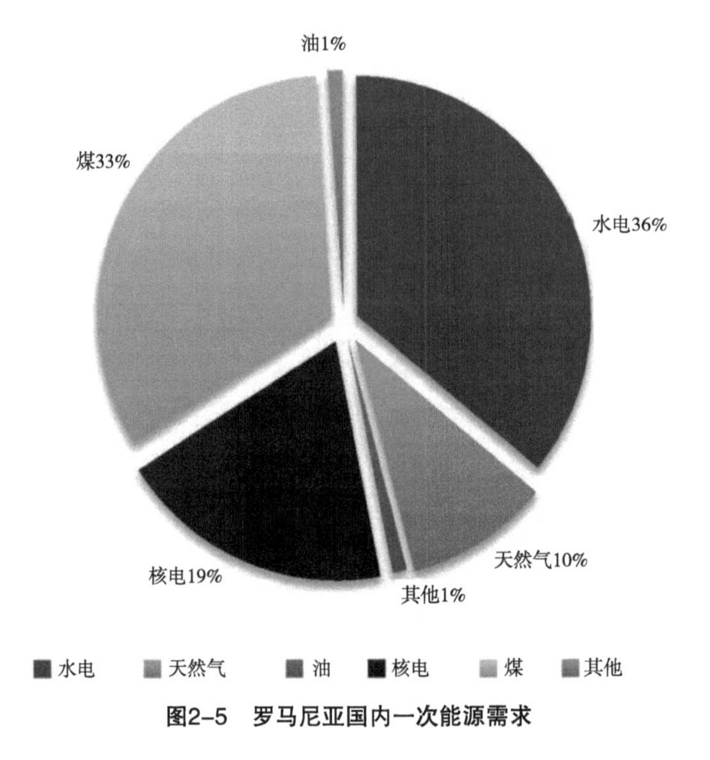

图2–5　罗马尼亚国内一次能源需求

罗马尼亚大多数的水力发电是通过在水库建坝产生的，发电量的多少受降水的影响。尽管罗马尼亚的可再生能源丰富，在2010年，可再生能源仅占最终能源消费的23.4%。罗马尼亚的电力供应主要由热—电供给，水电占供电量的1/3（表2–2）。

罗马尼亚的电力覆盖了99%的城区和95%的农村地区，仅少数偏远地区与国家电网联网。大部分的乡村电网老化，需要进行升级，不能保证用电。现在用分散式布电代替变电网络来解决电能长距离输送的损失和费用高昂的问题。大一点的城镇大部分由热—电厂供电，由于管道隔热不良、腐蚀或缺乏维护管理，所以取暖费用很高，并且很多集中供热系统不能满足用热高峰的需求，或因长距离供热效果不佳，使得一些居民采用气体加热系统或烧木头的炉子来取暖。

从20世纪70年代人们提倡使用可再生能源以来，罗马尼亚一直做得比较积极。罗马尼亚的可再生能源资源丰富（表2–3）。

表2-2 1999—2010年罗马尼亚的一次能源量

（单位：千吨油当量）

	1999年	2000年	2001年	2002年	2003年	2004年	2005年	2006年	2007年	2008年	2009年	2010年
总能源消耗	36 556	36 374	37 971	36 480	39 032	39 048	37 932	39 571	39 159	39 799	34 328	34 817
煤	6 853	7 457	8 169	8 812	9 509	9 172	8 742	9 540	10 064	9 649	7 436	6 911
油	10 235	9 808	8 169	9 371	9 088	10 092	9 163	9 840	9 658	9 719	8 239	8 417
天然气	13 730	13 679	13 315	13 326	15 317	13 766	13 820	14 308	12 862	12 476	10 642	10 879
水能	1 503	1 212	1 172	1 136	952	1 320	1 489	1 212	1 195	1 115	11 164	1 573
核能	1 274	1 338	1 335	1 352	1 203	1 360	1 362	1 381	1 890	2 752	2 881	2 850
其他燃料	127	92	1 034	115	93	93	88	87	194	352	198	161
木材和农业废物	2 817	2 763	2 314	2 351	2 844	3 134	3 185	3 185	3 275	3 710	3 742	3 982
可再生能源	17	7	7	17	18	81	82	18	21	26	25	26
一次能源产量	27 890	28 191	29 022	27 668	28 192	28 095	27 154	27 065	27 300	28 799	28 034	27 428
煤	4 644	5 601	6 239	6 117	6 636	6 193	5 739	6 477	6 858	7 011	6 476	5 903
油	6 244	6 157	6 105	5 951	5 770	5 592	5 326	4 897	4 653	4 619	4 390	4 185
水能	1 574	1 272	1 284	1 381	1 141	1 421	1 739	1 580	1 370	2 339	1 361	1 769
核能	1 274	1 338	1 335	1 352	1 203	1 360	1 362	1 381	1 894	1 894	2 881	2 850
木材和农业废物	2 820	2 762	2 130	2 351	2 903	3 160	3 229	3 235	3 304	3 750	3 838	3 900
其他燃料	125	86	103	115	92	92	87	82	127	158	98	90
可再生能源	17	7	7	17	18	81	82	18	21	26	25	26

表2-3 罗马尼亚的可再生能源

可再生能源		每年能源潜力	经济能源（千吨石油当量）	应用
太阳能	热	60×10^{6}吉焦	1 433.0	热能
	光伏	1 200吉瓦时	103.2	电能
水能	总	40 000吉瓦时	3440.0	电能
	<10兆瓦	6 000吉瓦时	516.0	电能
风能		23 000吉瓦时	1978	电能
生物质		318×10^{6}吉焦	7594.0	热能
地热		7×10^{6}吉焦	167.0	热能

罗马尼亚利用可再生能源如风、水、光伏、生物质发电，仅2011年，利用可再生能源获得20 673吉瓦时的发电量，占总耗电量的27.055%（表2-4）。2011年注册的可再生能源发电生产厂家有82个，其中42家利用风能发电，32家利用水能发电，4家利用生物质发电，4家利用光伏发电，水力发电举足轻重。

表2-4 可再生能源发电量

RES-E技术	发电量（吉瓦时）
光伏	2
太阳热	0
沿海风能	290
远海风能	0
大型水电	18 992
小型水电	1 273
生物质	118
沼气	0

（续表）

RES-E技术	发电量（吉瓦时）
地热	0
合计	20 675

采用生物质、地热和太阳能供暖或降温，2010年热、冷（RES-H）各种技术所占市场份额约95%的生物质被用来采暖、做饭、热水等，剩余的被用于工业生产（表2-5）。统计数据表明，54%的热能由木材产生，其余由农业废弃物产生。尽管罗马尼亚是世界上最先大规模实施太阳能装置的国家，但目前太阳能发展程度最低。罗马尼亚从20世纪60年代开发地热能，主要用于区域加热、理疗沐浴、温室升温和农业。目前地热能还未得到完全开发。

表2-5　RES-H技术的能源构成

RES-H技术	能源（千吨油当量）
生物质	415
太阳热能	5
地热能	18
热泵回收能	8
合计	446

按照《京都议定书》的要求，在罗马尼亚，交通用生物燃油用量日益增加。其生物燃料来源于葡萄、谷物、向日葵、大豆等农作物，虽然生物燃料潜力巨大，但是生产量非常小（16.3万吨油当量）。

为了促进可再生的生产，罗马尼亚实施了国家可再生能源实施计划，可再生一次能源相应增加（表2-6）。

表2-6　可再生一次能源的变化

（单位：千吨油当量）

可再生一次能源	1999年	2000年	2001年	2002年	2003年	2004年	2005年	2006年	2007年	2008年	2009年	2010年	2011年
太阳热能	0	0	0	0	0	0	0	0	0	0	0	0	0
生物质和可再生固体废物	2 820	2 763	2 130	2 351	2 844	3 160	3 229	3 235	3 325	3 832	3 915	3 949	3 618
水能	1 573	1 271	1 283	1 380	1 140	1 420	1 737	1 578	1 373	1 479	1 336	1 710	1 266
地热	8	7	5	17	18	13	18	18	20	25	24	23	24
风能	0	0	0	0	0	0	0	0	0	0	1	26	24
合计	4 401	4 041	3 418	3 748	4 002	4 593	4 984	4 831	4 718	5 336	5 276	5 677	5 028

2.13 伊朗

作为一个发展中国家，伊朗正面临着能源短缺和资源不均衡的困境。伊朗统计局2011年的数据表明，伊朗29%的人口居住在农村并创造11%的国家GDP，同时这些地区贡献了23%的就业率和80%的食品。在伊朗农村，小于20户的村镇中，仍有约20%的用户无电可用，并且每户的能源费用及所占家庭总开销的比重要高于市区居民（表2-7）。伊朗97%以上的电能是由化石能源提供的，可再生能源提供约3%的电能，国家存在化石能源过度消耗的问题。伊朗国会研究中心的调查表明，目标明确的削减能源消耗和能源涨价并不能抑制城市和农村的能源消耗（图2-6）。

表2-7 农村用电情况

	农村（千瓦时）		电网供电（千瓦时）		电气化程度（%）	
	村	家庭	村	家庭	村	家庭
>20户	41 636	4 123 101	41 636	4 123 101	100	100
<20户	13 093	146 121	12 480	138 022	88.6	94.5
合计	55 729	4 269 222	54 116	4 261 123	97.1	99.8

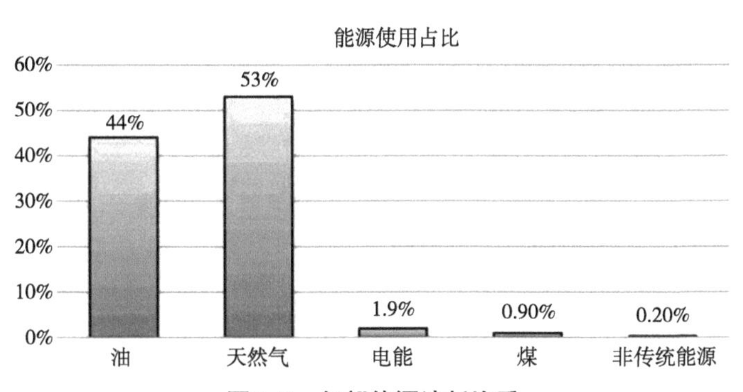

图2-6 伊朗能源消耗比重

伊朗的人均能源消耗比世界平均值高68%，是日本的14倍，是印度和巴基斯坦的4倍。伊朗的年能源消耗在世界排第13位，每年的能源相当于

15.5亿吨原油。2000—2010年，40%的能源为居民用能和商业用能；其次28%的能源为交通用能，20%为工业用能。在2011年，伊朗的能源效率为522.9美元，同期全球的平均值为884.0美元，而每年的能源消耗增长2 000～3 000兆瓦。2020年全国的电能用量高达90 000兆瓦，其中风能和地下热源可分别提供98兆瓦和55兆瓦的电能。据塔瓦尼尔公司的调查数据表明，2014年，伊朗的总耗电量为20.595 1亿千瓦时，核电、太阳能和风能占其中的8.6%。

每年伊朗的太阳辐射量为1 800～2 200千瓦时/平方米，高于世界平均值，90%国土的年平均光照天数大于280天。伊朗利用太阳能分别建成了以下项目：亚兹德省“多比德”村的10千瓦光伏发电装置，塞姆南省“侯赛因”和“莫阿勒曼”村共92千瓦的光伏发电工程，位于设拉子的250千瓦的太阳能发电工程，1 400平方米太阳能热水器，农业用光伏泵、边境线用的光伏发电机和光伏路等。

在伊朗的东部和北部地区，风能的资源量约为6 500兆瓦。目前，在伊朗的农场风力发电的容量达到了75兆瓦，同时并入国家电网，计划将来发电量达到90兆瓦。

伊朗的水能资源量约为50 000兆瓦，其中大约7 670兆瓦已被开采和使用。在伊朗有超过3 000个地方可建设微型发电站，位于伊朗北部、西部和中部约2 700个村庄在附近半径10千米以内就有潜在的可用水能。在伊朗运行的大、中、小、迷你型水电站的数量分别为6座、12座、12座和12座。大型水力发电站的装机容量可达100兆瓦，占目前装机容量的90%以上，12座小型发电站的装机容量为46.5兆瓦，12座迷你发电站的总装机容量为2.9兆瓦（表2-8）。

表2-8　伊朗农村太阳能光伏发电装机容量

序号	省份	正在实施（千瓦）	已完成（千瓦）
1	东阿塞拜疆	80	70
2	阿尔达比	—	32
3	伊斯法罕	34	—

（续表）

序号	省份	正在实施（千瓦）	已完成（千瓦）
4	布什尔省	47	19
5	恰哈马哈勒—巴赫蒂亚里省	—	48
6	洛雷斯坦省	—	101
7	呼罗珊省	26	—
8	南呼罗珊省	116	30
9	北呼罗珊省	27	—
10	胡泽斯坦省	10	70
11	赞詹省	—	78
12	塞姆南省	—	29
13	加兹温省	—	39
14	伊拉姆省	96	—
15	库尔德斯坦省	—	25
16	克尔曼沙汗省	—	43
17	法尔斯省	15	43
18	克尔曼省	10	18
19	吉兰省	54	5
20	马赞德兰省	—	24
21	戈勒斯坦省	3	—
22	哈马丹省	36	—
	合计	554	674

伊朗的生物质能主要被用来生产沼气。研究显示，2008年伊朗利用生物质产能，其量相当于1.5亿桶汽油。农村沼气生产是非常重要的，其沼气工程的装机容量为1.860兆瓦。

由上述可知，“一带一路”沿线多数是经济发展水平不高的发展中国家，而近年来我国在清洁能源技术方面不断取得重大突破。零排放冶炼多晶硅太阳能发电技术、巨型水电站技术、特高压输电技术在世界处于领先水平，第三代核电技术达到世界先进水平。近年来我国新能源汽车快速发展，技术、产能和产业链完整度都居世界前列。基于纯生物质原料的直燃发电技术、中低温地热发电技术、潮汐能发电技术已经成熟或趋于成熟。因此与我国开展农村清洁能源合作的意愿非常强烈。

我国农村能源零碳技术发展现状

我国是世界能源生产和消费大国，也是化石能源短缺的国家，人均煤炭资源约90吨，仅为世界平均水平的一半；人均石油采储量为2.6吨，仅为世界平均值的11%；人均可开采天然气储量1 074立方米，仅为世界平均水平的4%。我国经济正步入“新常态”，人口增加，工业化和城镇化进程加快，但经济增速逐步放缓，结构优化升级，增长动力从要素驱动、投资驱动转向创新驱动，环境承载能力已接近上限，这些因素都将深度影响我国能源需求的总量和结构。

我国也是重要的农业大国，随着农村经济的发展和农民生活水平的提高，对能源需求也提出了更高的要求，我国农村区域生物质、太阳能、风能、地热能等清洁能源资源十分丰富，资源开发利用相对便捷，可以满足农村社会能源需求，因此，农村清洁能源的发展备受我国政府的重视，农村清洁能源技术、产品、模式得到了快速发展和充实。围绕农业农村节能减排、清洁取暖、人居环境改善与绿色发展方向，我国农村能源零碳技术应用主要包括生物质沼气、生物质清洁取暖、太阳能、风能、微水电、地热能等可再生能源技术，节煤灶、节能炉、节能炕、清洁煤炭等节能技术，以及空气源热泵、燃气壁挂炉等“煤改电”“煤改气”技术等。将农村清洁能源的发展融入“一带一路”建设，也势必成为推动我国能源战略的新契机和开拓经济新增长点的重要举措之一。

3.1 农村能源建设历程

我国农村能源建设历程依据不同时期的需求和特点，提出不同时期的建设方式，多采用政府投资补贴等手段，从试点起步，待成熟后在全国范围内进行技术推广，经历了省柴节煤炉灶、农村沼气、“煤改气”“煤改电”等过程。

1980年以前，我国农村能源严重匮乏，农村经济处于半封闭状态，农村生活用能总体上依赖当地能源资源禀赋。这一时期我国农村的生活用能尤其是生活炊事用能一直以直接燃烧生物质为主。在20世纪70年代末，农村每年消费的森林资源能源约1.12亿吨标准煤，占农村能源消费总量的30%以上，占农村用能的40%左右，在一些地区，50%以上的生活用能靠森林薪柴提供。

我国第一次较大规模综合研究农村能源问题始于1979年。当时，农村经济体制改革刚刚起步，农村经济实力和人民生活水平相当低下，农村商品经济极不发达，农村能源短缺。国民经济和社会发展第六个五年计划提出，“根据因地制宜、多能互补、综合利用、讲求实效的方针，努力做好农村能源的合理使用和节约”。主要措施是开发利用省柴节煤灶、沼气、薪炭林、小水电、农电建设和太阳能等。1979年薪柴的实际提供量为28 100万吨，超过合理薪柴提供量的1倍以上。1979年70%的农户缺少燃料。在燃料短缺的同时传统旧式烧柴炉灶技术落后，热效率一般在10%左右，煤炉炉灶也仅有18%左右。从“六五”到“九五”期间，在国家计委等部门的组织领导下，全国先后有358个县实施了“农村能源综合建设县项目”，有效增加了农村能源的有效供给，初步形成了农村能源产业化体系。依靠农村地区资源禀赋，开发薪炭林、沼气、小水电等当地农村能源资源，提高农村炉灶效率，是我国农村能源短缺背景下的必然选择。

从20世纪80年代开始，国家开始了改良炉灶项目（NISP-1）及地方的相应配套行动，到90年代后期成功推广了2亿台改良炉灶（第一代），到20世纪末，农村使用的省柴灶热效率达25%～30%，煤炉达30%～40%，平均每台新型炉灶可节约燃料40%～50%，同时具有实用方便、卫生、安全等特点。20世纪80年代末农业部对全国范围内农村能源利用调查显示，农村居民生活用能（炊事、取暖）以及农副产品加工主要依靠薪柴和秸秆，据估计全国年耗生物质能实物量高达6亿吨，其中秸秆和薪柴为2.4亿～2.6亿吨。农村地区能源缺乏的现实是大多数发展中国家面临的共同问题，由于无法获得能源的有效供给，人们对生物质能源进行掠夺性消耗，过度采伐薪材与铲取薪草是当时我国农村生态环境遭破坏、水土流失和荒漠化加剧的重要原因之一。伴随市场经济体制改革与农村经济的发展，农村家庭用能条件得到了明显改善。在2000年初，全国80%的农户即1.89亿农户使用上了省柴节煤灶。2006年第二次全国农业普查显示，不同地区的住户主要使用的炊事能源类型比例也有很大不同，农村家庭能源消费中，主要消耗柴草的占60.2%，主要使用煤的占26.1%，主要使用煤气或天然气的占11.9%，主要使用沼气的占

0.7%，主要使用电与其他能源的分别占0.8%与0.3%。2006—2009年我国农村居民生活能源消费总量增加了4.33%，其中，高品质能源（如燃气、太阳能、沼气）增长速度较快，煤炭和薪柴等固态能源分别减少3%和67.7%。总体而言，我国农村的居民生活用能正朝着商品化、优质化的方向发展。

自2000年以来，能源安全成为全球关注的焦点，我国农村能源以农村沼气建设的普及为主要特征。党中央、国务院高度重视，财政投入大量资金用于农村户用沼气建设，强化能源产品的生态功能，并相继出现“四位一体”“猪—沼—果”“五配套”等能源生态模式。但是，随着农村人口转移、农户家庭散养的减少，农村户用沼气的需求量和使用率逐年下降。2000年，农业部再次对全国农村居民生活用能的调查表明，农村能源消耗总量估计约为3.7亿吨标准煤，其中薪柴占21.76%，秸秆占33.41%，煤炭占31.9%，电力占9.31%，成品油占2.04%，液化气、沼气等占1.58%。全国农村居民每年要烧薪柴1.45亿吨，按750千克/立方米折算，约消耗木材1.88亿立方米。1998年提供森林能源14 300万吨，其中薪炭林提供2 000万吨以上，全国实际消耗量14 173万吨，薪柴过度利用问题整体上得到解决。

2015年，国家发展改革委和农业部联合印发了《2015年农村沼气工程转型升级工作方案》，中央计划专项投资20亿元，主要支持规模化大型沼气工程、规模化生物天然气工程。2017年中央一号文件指出，要“深入推进农业供给侧结构性改革，加快培育农业农村发展新动能”，进一步强调了要“加快畜禽粪便集中处理，推动规模化大型沼气健康发展”，并且“鼓励各地加大农作物秸秆综合利用支持力度，健全秸秆多元化利用补贴机制”。同时要深入开展农村人居环境治理和美丽宜居乡村建设。实施农村新能源行动，推进光伏发电，逐步扩大农村电力、燃气和清洁型煤供给，实施新一轮农村电网改造升级工程。这之后国家相关部委相继印发了《京津冀及周边地区2017—2018年秋冬季大气污染综合治理攻坚行动方案》《关于北方地区清洁供暖价格政策的意见》《北方地区冬季清洁取暖规划（2017—2021年）》等文件，“煤改气”“煤改电”成为煤炭消费减量替代、治理散煤污染的主要方式。地方政府也纷纷出台相关政策。在“煤改气”的背景下，天然气需求大增，导致个别地区出现了天然气供应偏紧、用户无法取暖的情况。2018年，国家相关部门提出要坚持从实际出发，居民供暖“宜电则电、宜煤则煤、宜气则气、宜油则油”。“煤改电”“煤改气”没到位的允许使用煤炭取暖，有条件的尽可能做好洁净煤供应工作。

总体来看，中央高度重视农村发展及农民生活方式改善，这就要求未来必须加快开发利用农村清洁能源，推进农村能源零碳转型，为改善农村生产生活条件、促进农业发展方式转变、推进农业农村节能减排及保护生态环境作出积极贡献。

3.2 农村能源消费现状与特征

3.2.1 农村能源消费现状

农村能源消费主要包括生活用能与生产用能两个方面。其中，生活用能包括炊事用能、取暖用能、照明用能、热水用能等，生产用能包括种植业用能、养殖业用能及农产品产地初加工用能等。农村能源的消费与农业生产特征和农业资源密切相关，我国农村地区的能源消费方式中，大部分农村的非商品能源比例依然很高，特别是在东北农林业资源丰富和西南山区经济落后地区。对于农村地区而言，受商品能源来源和价格的影响，煤炭特别是散煤的利用较多，京津冀、西南的四川和贵州、黑龙江等地，农村煤炭的消费量巨大，这些煤炭的消耗除了有能源效率低的缺点以外，还产生了大量的二氧化硫（SO_2）、氮氧化物（NO_x）和颗粒物等污染物，是我国大气污染物的重要来源。同时我国天然气的消费主要集中在中西部和东部地区，其中，山东和河南的天然气消费量分别达到了11 214.8万立方米和120 443万立方米，另外新疆地区和四川地区也占了很大一部分消费比例，天然气消费比较匮乏的地区主要集中在西藏和河南省南部地区。国际能源署发布的信息表明，我国天然气在一次性能源消费结构中的比例为3.5%，远远低于25%的世界平均水平。

我国农村能源消费类型主要包括煤炭、电力、燃油、燃气（液化石油气、煤气、天然气等）、焦炭、生物质（薪柴、秸秆）、沼气和太阳能等。我国农村能源消费类型，主要以商品能源煤炭和非商品能源生物质能（薪柴、秸秆）为主，各能源类型占比依次是煤炭、生物能、电力等，燃气、焦炭、沼气和太阳能消费比例较低。2014年我国农村能源消耗总量为7.6亿吨标准煤，占全国能源消耗总量的17.8%，其中，农村生活用能为4.3亿吨标准煤，占农村能源消耗量的56.6%，农村生产用能为3.3亿吨标准煤，占农村能源消耗量的43.4%。商品能源消费量为2.22亿吨标准煤，占农村生活用能的51.6%，非商品能源消费总量为2.08亿吨标准煤，占48.4%。商品能源消费中煤炭消费量折合14 530.1万吨标准煤，占农村生活用能消费量的33.8%；电力消费量1 202.3亿千瓦时，折合4 027.8万吨标准煤，占农村生活用能消费量的9.4%；成品油消费量折合2 232.7万吨标准煤，占5.2%；液化石油气为1 281.7吨标准煤，占3.0%；天然气消费量折合106.3万吨标准煤，占0.3%；煤气消费量折合13.9万吨标准煤，占0.03%。非商品能源消费中秸秆消费量折合11 959.8万吨标准煤，占农村生活用能消费量的27.8%；薪柴消费量折合6 760.2万吨标准煤，占15.7%；沼气消费量折合1 107.0万吨标准煤，占农村生活用能消费总量的2.6%；太阳能利用量折合1 009.8万吨标准煤，占2.4%。需要说明的是，随着我国沼气转型升级和大中型沼气工程的建设，沼气逐步在农村演变为一种商品能源。

全国农村生产用能消费，2015年农村生产用能中商品能源消费总量为2.96亿吨标准煤，占农村生产用能的90.2%，非商品能源消费总量为0.32亿吨标准煤，占农村生产用能的9.8%。商品能源消费中煤炭消费量折合16 879.7万吨标准煤，占农村生产用能消费量的51.5%；焦炭消费量折合1 270.2万吨标准煤，占3.9%；成品油消费量折合6 492.2万吨标准煤，占19.7%；电力消费量1 485.5亿千瓦时，折合4 976.4万吨标准煤，占15.1%。非商品能源消费中秸秆消费量折合1 258.8万吨标准煤，占农村生产用能消费量的3.8%；薪柴消费量折合1 937.0万吨标准煤，占5.9%。

2016年我国农村能源消费量为6.5亿吨标准煤，占全国能源消费总量（43.6亿吨标准煤）的15%，其中，农村生活用能为3.5亿吨标准煤，占农村能源消费量的54%；农村生产用能为3.0亿吨，占农村能源消费量的46%。农村生产用能中商品能源消费总量为2.7亿吨标准煤，占农村生产用能消费量的91.17%，非商品能源消费总量约为0.3亿吨标准煤，占农村生产用能消费量的8.83%。商品能源消费中煤炭消费量折合13 974.4万吨标准煤，占农村生产用能消费量的46.63%；焦炭消费量折合1 381.5万吨标准煤，占4.61%；

成品油消费量折合7 233.2万吨标准煤，占24.13%；电力消费量1 488.7亿千瓦时，折合4 734.2万吨标准煤，占15.80%。非商品能源消费中秸秆消费量折合775.3万吨标准煤，占农村生产用能消费量的2.59%；薪柴消费量折合18 723万吨标准煤，占6.24%。

农村生产用能中商品能源占比大，其中占比最大的依次为煤炭、成品油和电力等，农村生产用能基本依存于国家统一能源供应体系。但总体上，农村生产用能煤炭占主导地位，清洁能源和可再生能源占比较低。我国农村居民生活能耗的结构总体在不断优化，传统生物质能源，沼气与太阳能等非商品性能源所占比重从1985—2012年的80%下降到56%，相应地，商品性能源所占比重有所提升，由20%提高到了24%，非商品性能源依然是农村家庭能源的主体。从发展趋势来看，在没有重大政策干预的情况下，在未来相当长的时期内，秸秆、薪柴等传统生物质能仍将在农村居民生活中发挥重要的作用，但其主导地位会逐渐退让。清洁、优质燃料所占的比重由2.5%提高到35.7%，居民室内环境得到了明显改善。妇女花费在炊事上的时间明显减少。固体燃料主要用于炊事和取暖，所占的比重从97.5%下降到64.3%。能源替代与用能器具效率的提高仍然是农村家庭节能减排的重点。

总体而言，农村家庭生活能源消费向商品化能源的升级转型势不可挡。农村生活能源消费的数量、品种和结构发生了巨大变化，电能等优质商品能源在农村地区消费量呈现显著增长，能源结构进一步朝商品化、优质化、轻型化与高效化方向转变。农村能源的消费结构以及利用方式不仅关系到能源和环境的可持续发展，而且关系到当地农村经济的发展以及国家能源总体规划的制定。综合我国农村地区能源消费状况及未来趋势，未来农村能源消费必须同时满足以下需求：满足农村地区不断增长的能源消费需求；实现温室气体和污染物减排；改善乡村环境，提高减缓和适应气候变化的能力。

3.2.2 农村能源消费特征

我国是一个幅员辽阔、地形地貌复杂、气候类型多样和生活方式差异大的国家。从总体来看，我国各省农村地区人均能源消费量虽各年有所波动，但总体呈上升趋势。从空间分布来看，各地区农村能源消费强度的空间差异性显著，总体看来，我国农村地区人均用能呈现北多南少、东多西少的分布特征。作为农村地区的主要能源资源类型，生物质能源对农村能源至关重要，并与区域生态环境息息相关。

（1）农村能源消费总量稳中有降，部分农村地区能源供给不足。农村能源消费在全部能源消费中所占比重较低，相对于全国能源消费总量缓慢增长的趋势，农村能源消费占能源消费总量的比重却稳中有降，2016年我国农村能源消费量比2014年下降14%。一方面是随着城镇化率不断提高，农村人口逐渐减少，农村能源消费量有所下降；另一方面是由于农村能源供给不足，部分地区的农村能源贫困问题依然存在，农村能源的消费需求难以得到有效满足。

（2）农村生活用能中非商品能源消费比例依然很大，其中大部分是薪柴和秸秆。农村能源的商品化程度明显低于城市，农村能源消费中，商品能源仅占生活用能消费的62.74%，而城市生活用能基本上属于商品能源。农村生活用能中，占比较大的依次是煤炭、薪柴、秸秆和电力等，其中薪柴、秸秆等非商品能源占比高达37.26%。我国林木砍伐剩余物多被农户用来做饭和取暖，用能方式较为原始。原始形态的生物质资源利用水平低，未能规模化处理。田间地头随意焚烧秸秆也是屡禁不止，不仅浪费了宝贵的生物质资源，还严重污染了大气。

（3）煤炭消费比例较大，生活用能中散烧煤消费问题突出。我国农村能源消费中无论是生产用能还是生活用能，煤炭都占据了主导地位，尤其是生活用能中散烧煤消费问题突出。2016年我国散煤消费量在7.5亿吨左右，其中，农村采暖用煤约2亿吨，约占散煤总量的27%。相对于集中燃烧，散煤通常是灰分、硫分含量高的劣质煤，燃烧后往往缺少脱硫、脱尘处理，具有点多面广、直燃直排、难以监管的特点，是我国能源利用中最低效且污染最严重的部分。有关研究表明，散烧煤利用产生的污染是等量电煤利用产生的污染的5～10倍，对PM2.5贡献量大，在北方供暖季节到来时，表现尤为显著，散煤治理成为治污降霾的重点工作之一。

（4）电力、天然气和可再生能源消费比例低下，用能品质低。农村电力基础设施还不够完善，部分乡镇变电站的负荷较小、线路老旧等问题使得农村地区供电服务质量低下，电气化程度还不够高。另外，天然气的供应管网尚未普及到绝大多数农村地区，使得农村能源消费中天然气占比过低，还不足1%。同时，我国农村地区可再生能源消费基本依赖本地小型光伏、小型风电等方式，装机规模都比较小，使得农村地区可再生能源消费占比较低。总体而言，当前农村能源消费结构不合理，散煤燃烧、生物质原始利用问题突出，农村能源优质化程度明显低于城市。

3.3 农村能源资源分布与潜力

3.3.1 生物质能

生物质能是以生物质为载体，直接或间接来源于绿色植物的光合作用，具有可再生、低污染、分布广泛的特点，其资源总量仅次于煤炭、石油和天然气。生物质根据收集来源不同，主要可分为农业资源、畜禽粪污、林业资源、生活污水、有机废水和固体废物六大类，其中农业资源和畜禽粪污是生物质最主要的来源。生物质资源分布格局主要受自然气候、经济条件、生产结构、文化习俗等因素的影响，分布具有明显的地域性。

目前，我国农业废弃物在生物质能总量中占50%以上，能源贡献相当于5.5亿吨左右标准煤。其中，主要作物秸秆理论蕴藏量呈增长趋势，2000年，我国主要作物秸秆资源量约6.6亿吨，2013年达到9.6亿吨，增加了45%。到2015年，我国作物秸秆总量已达到10.4亿吨，可收集资源量为9.0亿吨，利用量为7.2亿吨，秸秆综合利用率为80%左右。2017年，全国秸秆产量为8.05亿吨，秸秆可收集资源量为6.74亿吨，秸秆利用量为5.85亿吨。秸秆品种以水稻、小麦、玉米等粮食作物为主。2019年我国秸秆产量为7.92亿吨，可收集资源量约为6.63亿吨。另外，农产品加工剩余物，包括稻壳、蔗渣等，每年产生量约1.2亿吨，可利用量0.6亿～0.7亿吨。在农业废弃物资源中，玉米、小麦、稻谷是我国最主要的农作物秸秆来源，分别占到我国秸秆资源总量的46%、17%和13%。根据我国自然条件和耕作差异，河南、黑龙江、山东、河北和吉林5省是我国作物秸秆的主要产区，占全国作物秸秆资源总量的43%，年秸秆可收集资源量在2 000万～3 000万吨。另外，黑龙江省作为玉米和稻谷主产区，农业副产品加工剩余物最多，超过1 000万吨。

我国畜禽粪污年排泄量从2000年的24.99亿吨增长到2013年的30.98亿吨，粪便量达21.19亿吨，尿液量达9.78亿吨。目前，全国畜禽粪污年排泄总量近40亿吨。畜禽粪污作为生物质资源，用作能源主要以畜禽粪便干物质为主，折合标准煤可达到1.1亿吨左右，占生物质能总量的23%左右。我国畜禽粪便来源，按畜禽种类分，主要来自牛和猪，占全国畜禽粪便总量的73%左右，羊、鸡、鸭分别占畜禽粪便总量的15%、8%和4%。根据我国畜禽粪便可开发量区域分布，河南、四川、山东畜禽粪便资源量均为1.5亿吨/年以上，东北三省和内蒙古地区畜禽粪便资源比较接近，均在每年1亿吨左右。

以林业废弃物和城镇生活废弃物为主的其他生物质资源占生物质能源总量的16%左右。其中，林业废弃物可占生物质能总量的14%，其资源产生主要分布于我国东北、西南、西北地区，木材存量为124.9亿立方米，薪柴及林业废弃物可利用资源折合约1.8亿吨标准煤。城镇生活废弃物包括有机生活垃圾及生活污水。目前，我国城市生活垃圾约1.8亿吨，年增长率近15%，可利用能源量约1亿吨，折合3 000余万吨标准煤，占生物质能总量的2%左右。生活污水排放量也呈逐年增加趋势，全国污水排放量近500亿吨，COD排放量约为900万吨。目前，按我国农作物秸秆可供能源化利用量近5亿吨，畜禽粪便利用率80%计算，仅畜禽养殖和农业废弃物资源可年产沼气量达3 300亿立方米。

此外，农村生活垃圾和废水等现代社会产生的生物质资源分布与农村区域人口、经济发展水平等因素紧密相关，主要分布于广东、山东、黑龙江、江苏、浙江、河南、湖北等地。

工业废弃物包括工业有机废水和废渣，其中造纸、屠宰、制药是工业废水排放的主要行业，而酿酒、造纸、制糖三大行业的工业有机废渣排放量最大。目前，我国工业有机废弃物年排放量约76亿吨，约占生物质能总量的10%。工业废弃物排放呈现明显的由东部向西部逐步降低的地域特征，这与经济发展水平有着密切的关系，而处于经济发达地区的上海、浙江、山东、江苏、天津和广东，是我国工业废弃物排放量最大的省份。

现阶段，我国生物质资源能源化利用率仅为5%左右，开拓潜力十分巨大。沼气技术在处理农作物秸秆、畜禽粪污和工业废水废渣方面起着重要的作用。“十一五”期间，我国沼气利用主要以户用沼气为主，近年来，国家大力发展大中型沼气工程，在格局上已经形成了户用沼气、联户集中供气、规模化大中型沼气工程共同发展的布局。技术装备上，也形成了以国产为主，借鉴引入国外为辅的体系，形成农村生活供气、沼气发电自用、沼气热电联产、沼气净化提纯、车用燃气等利用模式共同发展。“十二五”期间，我国生物燃气用户达4 300余万户，受益人口约1.6亿人，年产生物燃气约140亿立方米，占生物燃气总产量的85%以上。全国规模化大中型沼气工程发展到8.05万处，年产沼气约20亿立方米。沼气技术的利用，相当于全国天然气年消费量的11%左右，温室气体减排6 000余万吨二氧化碳当量，生产有机肥料4亿余吨。

我国发展沼气技术仍存在诸多问题和瓶颈，如生物燃气废弃率较高；北方地区受低温制约，发展缓慢；配套政策不完善；市场化、商品化水平不高。但是，从生态环境和能源供给需求压力角度，发展沼气符合我国可再生能源发展需求。农村作为生物质资源主要集中生产地区，沼气技术的应用可有效解决生物质资源随意处置或排放带来的巨大环境保护压力，减少温室气体排放。同时，随着我国能源需求压力的不断增加，天然气进口依存度已增至约37%，所以，着力发展沼气技术，更是改善我国能源消费结构，缓解能源需求压力，推动低碳农村社区建设的重要驱动力。

根据《可再生能源中长期发展规划》（发改能源〔2007〕2174号），到2020年生物质燃气利用达到500亿立方米，2025年达到800亿立方米，其中规模化生物质燃气利用达600亿立方米，户用沼气和联户集中供气年利用量达到200亿立方米。在东北、华北等粮食主产区，内蒙古、山东、河南、黑龙江等畜禽养殖密集区，大型酿酒制糖工业区，以及新型城镇化发展区域，大力发展以畜禽粪便、农作物秸秆、工业废弃物和生活垃圾等为原料的生物燃气工程。计划建成大型畜禽养殖场沼气工程和秸秆沼气工程10 000座，工业废渣废水沼气工程6 000座，年产沼气140立方米，沼气发电达到300万千瓦。在农村地区发展户用沼气和集中供气等，受益人群发展到8 000万户，供气面积220亿立方米，建设生物质燃气生产与综合利用工程达到130个以上，并网燃气工程10个以上，沼渣沼液的有机肥料等高端产品利用生产工程20个以上。

我国发展燃料乙醇相对较晚，发展初期，随着国际汽油价格的不断上涨，国内汽车保有量迅速增加，粮食产能相对过剩，燃料乙醇技术得到重视，并得到了快速的发展。我国于2002年开始试点生产，并逐步进行了10个省的车用乙醇试点工程。目前，国内燃料乙醇生产受国家严格审批控制，主要生产企业为河南天冠、吉林燃料乙醇、黑龙江华润酒精、安徽丰原生化、广西中粮生物质能等。2015年，燃料乙醇年生产能力约为250万吨，位居世界第三。同时，乙醇汽油已占试点省份汽油消费量的20%以上，其中黑龙江、吉林、辽宁、河南、安徽已全部实现车用乙醇的封闭运行。

生物柴油作为燃油替代产品，与燃料乙醇一起作为我国能源产业发展生物液体燃料的主要任务之一。我国生物柴油生产主要源自食用油、动物脂肪、微藻油和废弃油等，通过转酯化反应等技术制备得出。目前，我国生物柴油产能约350万吨，年产量在150万吨左右，生产企业约300家，其中年产5 000吨以上厂家超过40个。尽管生物柴油技术装备已相对成熟，但由于生物柴油产品销售应用渠道受到严格控制，无法进入车用销售市场，加之传统生产原料来源受到严格管理，产业规模裹足不前。

我国作为世界第二大能源消耗国，石油等一次化石能源储量仅为世界2%左右，原油对外依存度近60%，这对我国能源和资源供应战略安全构成了巨大的潜在威胁。燃料乙醇和生物柴油技术和产业的发展，对缓解我国能源压力，调整能源消费结构，具有重要的战略意义。传统燃料乙醇和生物柴油的制备，其原料主要为陈化粮，以及复杂的地沟油、动物脂肪等，在国家强调粮食和食品安全的背景下，原料来源已逐步受到严格限制。所以，推动以生物质纤维素为原料的非粮燃料乙醇技术产业，以及能源植物为原料的生物柴油技术产业，是我国生物质液体燃料转型发展的主要方向。另外，我国正处于推动新农村和城镇化建设发展新阶段，农作物秸秆资源化利用，以及能源植物的种植利用，在满足燃料乙醇和生物柴油生产原料需求的同时，也符合我国农业供给侧结构调整要求，并有效延长农业产业链，提高农业效益。

燃料乙醇的产业规划，是稳步发展基于木薯、甜高粱原料为主的传统生产技术，重点发展并加快纤维素燃料乙醇规模化产业。燃料乙醇产量由250万吨增长到2020年可年产700万吨，到2025年达到1 500万吨。另外，生物柴油方面，大力推动生化柴油产品，加大市场占有份额。同时，合理规划城镇边际土地，发展能源植物种植，定向培育能源林，以满足年产600万吨生物柴油的原料供应，预计2025年产能达到500万吨。

与气体或液体燃料相比，生物质成型燃料是能量转化效率最高的利用方式。经过技术引进、研究发展、设备完善、产业化应用的多个发展阶段，形成了适合我国的生物质成型燃料产业模式和规模。目前，我国成型燃料装备的生产厂家60余家，设备主要包括螺旋挤压式成型机、活塞液压式成型机、机械冲压式成型机、平模压块机和环模颗粒机等，年销售额达1 200余套（台）。我国成型燃料生产企业近300家，主要以中小型为主，大型生产企业不足10家，年产量500余万吨，产品多为颗粒燃料、压块和棒状。受我国生物质原料价格上涨，以及收储运体系不健全的影响，生产成本相对较高，企业利润收益较少，产业发展受到一定限制。我国生物质成型燃料生产和销售多集中于东北、京津冀、珠三角和长三角地区，并逐步形成了分散式和集中式两种生产模式。其用途主要用于农村生活和冬季采暖燃料消费，以及提供工业生产或服务业需要的蒸汽、热水。

随着我国农业主产区粮食种植日趋集中连片，作物秸秆产量不断增加，且越加集中，无法得到有效利用。秸秆的户用直燃，加之部分还田处理和饲料化应用，随意丢弃和露天焚烧比例不断增加。生物质成型燃料，不但使大量剩余秸秆、稻壳等农林废弃物得到高值化利用，还可改变传统农村社区秸秆、薪柴低值直燃利用，提高农村用能品质，减少秸秆焚烧导致的环境污染和温室气体排放问题，是促进农业增长方式转变，建设资源节约型、环境友好型的农村低碳社区的重要举措。同时，生物质成型燃料是我国战略性新兴产业，也是国家“十二五”和“十三五”重点任务之一，在新能源和非化石能源利用中占有重要地位。

我国发展生物质成型燃料，首先要加强技术装备的创新，提高生产效率和利用效率，同时建立健全农林废弃物收储运服务体系，降低原料成本，从而满足产业化和规模化发展的需求。预计到2025年，我国生物质成型燃料年产量将达到3 000万吨，主要针对东北、华北等农作物秸秆产量密集区域，配合新型村镇转型发展，采用“一村一厂”的模式，建立年产3万吨的规模化工程15个以上，建立年产10万吨燃料规模化生产工程20个左右。拓展以生物质成型燃料与热电联产应用的新模式，从而进一步降低成型燃料生产成本，与煤炭形成一定竞争能力。

3.3.2 太阳能

我国太阳能资源丰富的地区面积占国土面积的96%以上，年日照时数大于2 200小时，年辐射量在5 000兆焦/平方米以上，全国太阳能辐射总量可达3 350～8 370兆焦/平方米，折合标准煤达24 000亿吨，技术可开发量约5.28×10^{16}兆焦。目前，我国太阳能资源理论储量为147×10^{14}千瓦时，技术开发量为40.7×10^{14}千瓦时，开发利用率不到50%，发展潜力巨大（表3-1）。

表3-1 中国太阳能资源分类

地区	年日照时数（小时）	年辐射量（兆焦/平方米）
青海西部、甘肃北部、宁夏北部、新疆东南部、西藏西部等地	3 200～3 300	6 680～8 400
河北、陕西北部、内蒙古南部、宁夏南部、甘肃南部、青海东部、西藏东南部、新疆南部等地	3 000～3 200	5 852～6 680
山东、河南、山西、新疆北部、吉林、辽宁、黑龙江、云南、广东南部、福建南部、江苏等地	2 200～3 000	5 016～5 852
湖北、湖南、福建北部、浙江、江西、广东北部、安徽、四川、贵州等地	1 000～2 200	3 344～5 016

同时，太阳能资源受季节、海拔高度、地域、气候的影响，从地理分布来看，我国太阳能资源呈现西部多于东部、高原多于平原、内陆多于沿海、干燥区多于湿润区的现象。根据太阳能资源评估分类，我国太阳能资源可分为4个地区，其中较适宜进行开发的3个地区为资源丰富或较丰富地区，以“三北”地区和中东部地区为代表的西藏、青海、新疆、内蒙古大部，山西、陕西、河北、山东、辽宁、云南以及广东、福建、海南部分地区，太阳

能资源较丰富，年辐射总量均高于5 000兆焦/平方米，适宜开发太阳能利用技术，具有利用太阳能的良好条件，其中西北地区太阳能资源开发潜力最大，占全国总量的35%，西南地区次之，约占全国总量的26%。而四类地区太阳能资源条件相对较差，不适宜大规模开发利用（表3-2）。

表3-2　省（自治区、直辖市）太阳能资源储量

省份	储量（10^{12}千瓦时）	技术可开发量（10^{12}千瓦时）	总面积（10^3公顷）	未利用面积（10^3公顷）
河北	57.7	12.4	18 843	4 047
山西	46.1	14.9	15 671	5 061
内蒙古	355.1	46.7	114 512	15 058
辽宁	41.3	4.2	14 806	1 507
吉林	49.7	2.9	19 112	1 127
黑龙江	119.4	11.5	45 265	4 352
江苏	33.1	0.5	10 667	148
浙江	25.8	1.7	10 539	698
福建	31.2	2.4	12 406	958
山东	43.8	4.6	15 705	1 655
河南	43.7	4.9	16 554	1 866
广东	48.1	2.6	17 975	973
广西	56.8	12.3	23 756	5 158
云南	115.5	22.0	38 319	7 298
西藏	472.1	145.5	120 207	37 049
陕西	52.0	3.0	20 579	1 170
甘肃	134.0	53.4	40 409	16 114

（续表）

省份	储量（10^{12}千瓦时）	技术可开发量（10^{12}千瓦时）	总面积（10^{3}公顷）	未利用面积（10^{3}公顷）
青海	273.2	94.6	71 748	24 841
宁夏	21.8	3.4	5 195	821
新疆	541.2	320.6	166 490	98 620

太阳能利用产业方面，光伏发电的应用取得了迅速的发展。我国是全球光伏发电装机容量最大的国家，2019年我国新增光伏装机容量达30.11吉兆，2020年我国光伏装机容量达253吉兆。2009年之前，我国光伏发电主要以离网型光伏系统为主，用以解决西部地区用电匮乏的问题。2010年之后，用户侧并网光伏系统成为主要发展方向，目前，我国已建成几百座建筑附着光伏系统和建筑一体化光伏系统，其中装机容量达兆瓦级并网光伏系统已有20余个。近几年，发展大型集中并网光伏电站成为我国光伏市场主要组成部分，项目建设多坐落于荒漠、戈壁地区，容量可达到数百兆甚至数吉瓦。仅2010年光伏电站建设特许权招标，其建设总容量就达到180兆瓦。目前，我国已成为世界最大的太阳能光伏产品制造国，涵盖了多晶硅材料、电池、组件封装、平衡部件、系统集成、应用产品和专用设备制造的完整产业链。而自2007年起，我国已连续5年成为世界最大的太阳能电池生产国，晶体硅太阳能电池产量已占世界总产量的90%以上，产品出口率80%左右。另外，在太阳能热利用方面，太阳能热水器是应用最广泛、产业化发展最为迅速的技术和产品。目前，我国太阳能集热器保有量达150吉兆以上，太阳能热水器产量每年递增速度可达20%左右，其在集热真空管技术的制造水平和规模上皆处于国际领先水平，且成本低廉，极具国际竞争力。太阳能主动采暖技术近年来发展速度不断加快，太阳能暖房面积已超过2 000万平方米。2016年全国农村累计推广太阳能热水器4 770.84万台，集热面积8 623.69万平方米；太阳能灶227.94万台，集热面积约500万平方米；太阳房29.27万处，集热面积2 564万平方米；小型光伏发电3.68万处，装机容量95 037.40千瓦。2018年全国农村累计推广太阳能热水器8 805.4万台，太阳能灶213.6

万台；2019年全国农村累计推广太阳能热水器8 476.7万台，太阳能灶183.6万台。太阳能资源收集方式简单，总量大，但分布不均匀，另外受各地区经济发展水平、用能需求压力的影响，太阳能技术应用方式和发展规划也存在一定差异。

太阳能光伏技术发展模式。在西部太阳能资源优越，人口密度小、荒漠戈壁地形多的地区，契合“一带一路”建设，着力开展大型地面光伏电站。在华北、华东、东北等地，由于土地资源、用能需求、环境承载等多方面的压力，着力开展分布式光伏发电。同时，在农村地区，屋顶资源丰富，建筑相对分散，不存在遮挡等不利因素，更适宜在农村推广建筑附着光伏系统和建筑一体化光伏系统，根据农村建筑屋面面积折算，农村发展分布式光伏技术潜力巨大，可利用面积达94亿平方米，是城市发展潜力的7倍。

太阳能热利用技术发展模式。太阳能热水器作为热利用主要技术产品，产量不断增加，市场相对成熟，但户用比例仅为3%，而其他如太阳能灶、太阳能暖房等技术产品，更适用于传统村镇分散独立的居住模式，所以，对于占国土面积一半以上的广大农村地区，太阳能热利用技术仍拥有十分广阔的发展空间。积极推动太阳能热利用技术多元化发展，采用太阳能热水器、太阳能灶、太阳能制冷和采暖、太阳能热泵等技术，可有效减少农村生活采暖的一次能源消耗，从而改善农村用能结构，提高农村居民生活舒适度。而太阳能暖房、太阳能温室、太阳能热水器等技术，可与农村种植业和养殖业有效结合，促进循环低碳农业发展，是建设新型绿色村镇的有效途径。

3.3.3 水能

我国河流水力资源储量丰富，位居世界首位。2005年水利资源复查结果显示，水力资源理论蕴藏年电量达6.08万亿千瓦时，平均功率为6.94万千瓦，技术可开发量约2.47万亿千瓦时，装机容量可达5.4亿千瓦，经济可开发年发电量约1.75亿千瓦时，装机容量4.02亿千瓦，技术可开发量、经济可开发量、已建和在建开发量均居世界首位。我国河流水力资源主要分布于金沙江、岷江、大渡河、雅鲁藏布江、澜沧江、乌江、怒江、黄河、长江等水系，总规模达3.68亿千瓦，占水力资源技术开发量的65%左右。资源分布方面，水系坡度陡、水流急、落差大是开发水电的主要区域，多分布于我国西部经济欠发达地区，水力资源占全国总量的80%以上，其中四川、西藏和云南资源量最为丰富，占全国水力资源量的60%左右。另外，水系径流受季节影响，分配不均，大多数河流丰水期水量占全年径流总量的70%～80%，水力资源开发多需要建设大型水库，对径流进行调节，解决汛枯期发电差别大的问题，同时为防洪、灌溉和供水发挥一定作用。

微水电开发主要是利用我国各主干河流的中小直流，开发装机容量不超过5万千瓦的小型及微型水电站，我国小水电资源也十分丰富，资源蕴藏量可达1.6亿千瓦，5万千瓦以下的微水电资源开发量达到1.28亿千瓦。微水力资源分布在全国近1 600个山区村镇，主要集中在中西部地区，其中西部微水电技术可开发量占全国的60%以上，中部地区占全国的近20%，而东部地区占18%左右。我国微水电资源主要分布在长江流域、西南地区和西藏地区，微水电装机也主要分布在这些区域。其中装机容量较大的省包括广东、广西、云南等，其装机容量均达到1万千瓦以上，尤其以广东最大，装机容量达到19 821.69千瓦，占全国农村微水电装机容量的22.8%。2016年底，全国农村小微型水力发电（小于500千瓦）累计装机25 724.94台，装机容量达到86 835.94千瓦。2018年末，全国共有农村水电站46 515座，农村水电装机容量达到8 043.5万千瓦，占全国水电总装机容量的22.8%，占全国电力总装机容量的4.2%。2019年末，农村水电装机容量达到8 144.2万千瓦，农村水电装机容量占全国农村水能资源技术可开发量的63.6%。

2015年我国水电装机容量已达到3.2亿千瓦，其中常规水电2.9亿千瓦，抽水蓄能2 271万千瓦，装机容量占全国发电装机的22%左右，年发电量突破1.1万亿千瓦时，占全国总发电量的近20%，占可再生能源发电量的73%。微水电建设开发主要包括流域规划、小型水轮发电机组、监控和网络自动化、电力输配等技术装备。我国微水电技术启动较早，但发展缓慢，随着近年来技术装备的逐步成熟，国家对村镇缺电地区的重视和改革，水电开发增加了多能互补功能，终端应用的不断丰富和完善，国内微水电发展得以快速推进，现已拥有较为完整的科研机构、企业生产、试制、应用管理的技术装备产业体系，其中微水电设备制造厂家近200个，年生产能力超过2 000兆瓦，基本可以满足我国微水电发展的需求。2007年水利部和农业部统计数据显示，我国微水电装机容量近4 000万千瓦，年发电量超过1 100亿千瓦时，1 500多个村镇开发了微水电技术，农村水电站4.8万余座，其中10千瓦以下微水电机组20余万台，10～100千瓦微水电站近2万座，100千瓦以上微水电站2万余座，机组近4万台，为承担农村地区电力系统需求压力起到了重要的作用。

2020年我国水电总装机容量达到3.8亿千瓦，常规水电装机规模达到3.4亿千瓦，装机容量年增长1 300万千瓦左右，其中微水电装机规模达到近1亿千瓦，占常规水电装机规模比例由2020年的13%增长到30%左右，发展空间巨大。目前，我国微水电技术装备基本达到国际先进水平，自动化水平不断提高，经济效益不断增加。另外，西部作为水资源最为丰富的地区，微水电资源已开发900多万千瓦，仅占可开发水电资源的2.1%，发展潜力巨大。水电作为清洁的可再生能源，其开发利用，可节约或替代大量化石能源，减少温室气体和污染物的排放，保护生态环境，促进人与自然协调发展，更是保障我国能源安全和能源结构调整的有效途径。另外，促进农村经济发展，解决无电地区供电条件，改善农村生活用能是我国可再生能源的首要任务，在偏远的、微水力资源丰富、远离电网的地区，合理规划开发微水电利用，对农村生态环境和经济发展都具有重要意义。

3.3.4 风能

我国风能资源非常丰富，仅次于俄罗斯和美国，居世界第三位。我国风能资源丰富的地区主要集中在北部、西北、东北草原和戈壁滩，以及东南沿海地区和一些岛屿上，涵盖福建、广东、浙江、内蒙古、宁夏、新疆等地。其中，西北地区风能理论蕴藏量最高达15亿千瓦，华北、西南、东北及华东地区风能理论蕴藏量分别为10.3亿千瓦、10.1亿千瓦、4亿千瓦和2亿千瓦。根据国家气象信息中心估算，从理论上讲，我国地面风能可开发总量达32.26亿千瓦，高度10米内实际可开发量为2.53亿千瓦。技术可开发量上，华北地区最大达1.6亿千瓦，占全国技术可开发量的50%以上；西北地区技术可开发量约1.2亿千瓦，占全国技术可开发量的40%左右。我国风能资源可划分为如下几个区域。

（1）最大风能资源区。东南沿海及其岛屿。这一地区，有效风能密度大于等于200瓦/平方米的等值线平行于海岸线，沿海岛屿的风能密度在300瓦/平方米以上，有效风力出现时间达80%～90%，大于等于3米/秒的风速全年出现时间7 000～8 000小时，大于等于6米/秒的风速也有4 000小时左右。

（2）次最大风能资源区。位于内蒙古和甘肃北部。这一地区终年在西风带控制之下，而且又是冷空气入侵首当其冲的地方，风能密度为200～300瓦/平方米，有效风力出现时间为70%左右，大于等于3米/秒的风速全年有5 000小时以上，大于等于6米/秒的风速有2 000小时以上，从北向南逐渐减少，但不像东南沿海梯度那么大。

（3）大风能资源区。位于黑龙江和吉林东部以及辽东半岛沿海。风能密度在200瓦/平方米以上，大于等于3米/秒和6米/秒的风速全年累积时数分别为5 000～7 000小时和3 000小时。

（4）较大风能资源区。位于青藏高原、三北地区的北部和沿海。这个地区风能密度在150～200瓦/平方米，大于等于3米/秒的风速全年累积为4 000～5 000小时，大于等于6米/秒风速全年累积为3 000小时以上。

（5）最小风能资源区。位于云南、贵州、四川，甘肃、陕西南部，河南、湖南西部，福建、广东、广西的山区以及塔里木盆地。有效风能密度在50瓦/平方米以下时，可利用的风力仅有20%左右，大于等于3米/秒的风速全年累积时数在2 000小时以下，大于等于6米/秒的风速在150小时以下。

（6）可季节利用的风能资源区。（4）和（5）地区以外的广大地区，有的在冬、春季可以利用，有的在夏、秋季可以利用。这一地区，风能密度在50～100瓦/平方米，可利用风力为30%～40%，大于等于3米/秒的风速全年累积在2 000～4 000小时，大于等于6米/秒的风速在1 000小时左右。

除上述地区外，全国还有一部分地区风能缺乏，表现为风力小，难以被利用。目前，我国风能利用率仅为5%左右，发展潜力巨大。我国离地面10米高度风能资源潜在开发量约32.3亿千瓦，其中陆上技术开发量约2.5亿千瓦，近海技术开发量约7.5亿千瓦；离陆上50米高度达到3级以上风能资源潜在开发量约25.6亿千瓦，技术开发量20.5亿千瓦；陆上离地面70米高度，资源潜在开发量约30.5亿千瓦；而5～25米水深线以内近海区域，海平面以上50米高度可装机容量约2亿千瓦。

我国风能资源的地理分布存在差异性。我国现有风电场场址的年平均风速均达到6米/秒以上，根据风速频率、资源潜力和机组功率曲线等条件，我国风能资源主要分布于如下地区：一是沿海及其岛屿地区，包括山东半岛、辽东半岛、黄海和南海沿岸、海南岛及南海诸岛等地，年有效风能功率在200瓦/平方米以上，特别是东南沿海，风能功率密度可达500瓦/平方米以上，可利用小时数在7 000～8 000小时；二是东北、华北、西北地区，其风能功率密度在200～300瓦/平方米，内蒙古部分地区，功率密度可达500瓦/平方米以上；三是其他特殊地形地区，我国内陆其他地区，风能功率密度一般在100瓦/平方米左右，但在部分湖泊、山川等特殊地形的小范围地区，也会有相对较大的风能资源，如青藏高原，年平均风速在3～5米/秒（表3-3）。

表3-3　中国部分地区陆上风力资源量（陆上70米高度）

行政区划	潜在开发量（兆瓦）	技术开发量（兆瓦）	技术开发面积（平方千米）
河北	8 651	4 188	11 870
山西	3 791	1 598	5 032
内蒙古	163 126	145 967	394 919
辽宁	7 824	5 981	20 409
吉林	7 985	6 284	22 675
黑龙江	13 415	9 651	29 580
江苏	373	370	926
浙江	353	209	642
福建	1 222	955	2 664
江西	541	310	876
山东	4 028	3 018	8 772
河南	916	389	1 226

（续表）

行政区划	潜在开发量（兆瓦）	技术开发量（兆瓦）	技术开发面积（平方千米）
广东	2 216	4 249	4 249
广西	1 522	2 151	2 151
四川	1 248	340	1 040
贵州	1 372	456	1 705
云南	4 972	2 066	6 273
甘肃	26 446	23 634	61 342
陕西	1 970	1 115	3 302
宁夏	1 777	1 555	4 417
青海	2 407	2 008	6 585
新疆	47 543	43 555	111 775

同时，我国风能资源季节性相对较强，冬春的冷空气，夏秋的台风影响，是形成我国风能资源丰富带主要原因之一。比如在内陆，秋、冬两季受蒙古高压影响，冷空气南下，我国三北地区受冷锋过境影响，可出现6～10级大风；春季受蒙古高压、印度洋和太平洋低压等气流交汇影响，北方地区气旋活动较多，易造成大风扬沙天气，而南方则多为雨季；夏季由于高低压差减小，全国各地风速相对较小。另外，在沿海地区，东南沿海风能资源丰富，主要受我国台湾海峡影响，冷空气南下经过海峡的狭管效应，风速增大，而夏、秋季节又受热带气旋影响，产生台风，形成大量风能资源。

近年来，我国风能利用体系，尤其是风电已进入大规模开发利用阶段，技术装备水平显著提升，装机容量增速和装机总量均居世界前列，是我国仅次于火电、水电的第三大电源。自1995年，我国风电累计装机容量仅为44兆瓦，2010年我国新增装机容量18 928兆瓦，累计装机容量升至44 730兆瓦，跃居世界第一。截至2015年，我国新增风电机组16 740台，新增装机容量30 753兆瓦，累计装机容量已达145 362兆瓦，较2014年，增加了26.8%。

从区域角度看，我国西北、华北地区风电发展较快，其中内蒙古、新疆、甘肃、河北处于领先地位，目前，累计装机容量分别达到了25 668兆瓦、16 251兆瓦、12 629兆瓦和11 030兆瓦，占全国累计装机容量的近50%。而累计装机超过1 000兆瓦的省份达到24个，累计装机容量超过5 000兆瓦的省份11个。随着我国风能利用的快速发展，装备制造和配套零部件专业化产业链已逐步形成，且日渐壮大和成熟。目前，我国具备大型风电机组批量生产能力的企业达20余家，叶片制造、发电机制造、机组轴承制造、变流器和整机控制系统制造等相关企业近200家，生产的大中小型风力发电机组年出口可达2万台以上，出口机组容量达2.2兆瓦以上，畅销亚洲、美洲等地，部分风电机机组制造商已在国外建立分厂。2017年底，全国农村小型风力发电累计装机89.45万台，累计装机容量达到50.09万千瓦；2018年底，全国农村小型风力发电累计装机95.985万台，累计装机容量达到63.45万千瓦；2020年底，全国农村小型风力发电累计装机116.49万台，累计装机容量达到65.27万千瓦。小风电装机主要分布在风能资源较丰富的区域，其中装机容量较大的省（区）包括内蒙古、新疆、黑龙江和山东等，其装机容量均达到1 500千瓦以上，尤其以内蒙古最为集中，其装机容量占全国农村小风电装机容量的70%以上。小型风力发电经过40多年的发展历程，技术日趋完善，使用领域逐渐扩大到城乡居民供电、海岛与近海养殖、海水淡化、农村公路照明及交通监测、森林防火监测、农业灌溉及农副产品加工用电等与农业和农村相关领域。尤其是随着互补型分布式电源的兴起，小型风能供电系统更能发挥其作用。

根据《中国风电发展路线图2050》发展规划，预计到2050年，我国风电装机将达10亿千瓦，满足17%的国内电力需求，2020年后，国内风电价格将低于煤电价格，风力发电补贴政策逐步取消。2030—2050年，每年新增装机3 000万千瓦。目前，我国风能利用率仅为5%左右，发展潜力巨大，但风能开发利用还是受到一定制约，主要包括资源分布不均匀，风速稳定性不足，风能转化效率相对不高。受技术制约和并网限电的制约，我国年平均弃风损失电量可达148.84亿千瓦时，弃风率达到8%左右。

如何提高我国风能利用率，发展风能利用产业，是实现我国可再生能源中长期发展规划和风能发展路线的关键。

（1）合理规划风能发展区域。结合我国风能资源分布，以发展“三北”地区陆上风电为主，该区域风能资源丰富，人口密度较少，经济发展和城镇化进程相对缓慢，农村地区清洁能源供应需求更为迫切。对于城镇化发展密集地区，如东南沿海，航运港口交错，机会成本较高，近海大中型风电发展应以示范为主，逐步推进，从而最终实现东、中、西部陆上风能和近、远海风电全面发展。

（2）大力发展多种形式风能利用技术。我国东南沿海地区村镇工业发展迅速，农业生产和生活用电相对紧张；而内蒙古、甘肃和青海等地人口分散，村镇电网系统落后。相对于大中型风电技术，我国应大力开发农村地区的风能利用，且潜力十分巨大。在发展风电并网的同时，应因地制宜，着力在广大农村发展户用离网发电、风力提水、风力制冷供暖等技术。这是提高风能资源利用率，降低城镇电能压力，减缓风电并网制约瓶颈的有效途径。

（3）建立多能互补的农村风能利用模式。村镇是我国风能技术应用推广的主要区域，发展潜力巨大。风能的发展应充分考虑区域资源禀赋，产业结构需求，人为环境、生态环境等因素，应由单一风力发电开发发展到多能互补，如“风—光”互补，“风—光—柴”互补，“风—柴”互补等，从而充分发挥风能资源利用率，解决村镇清洁能源供给需求。

3.3.5 地热能

地热能是由地壳抽取的天然热能，来自地球内部的熔岩，通过地下水的流动和熔岩涌动，被转送至离地面1～5千米的地方，并以热力形式存在，是一种可再生能源。地热资源主要集中于构造活动带和大型沉积盆地中，主要类型为沉积盆地型和隆起山地型。地球表面以下5 000米，15℃以上的总含热量可达14.5×10^{25}焦，相当于4 989万亿吨标准煤，而地下200米以上则称为浅层地热能，温度比较稳定，分布广泛，开发利用方便，主要通过地源热泵技术将地热资源转化为可以利用的供热或制冷的高品位能源。

我国是一个地热能资源较丰富的国家，全国水热型地热资源量折合1.25

万亿吨标准煤，年可开采资源量折合19亿吨标准煤；埋深在3 000～10 000米的干热岩资源量折合856万亿吨标准煤。我国常规地热资源以中低温为主，埋深在200～4 000米，高温地热资源十分有限，局限于西藏、云南腾冲及我国台湾北部地区。地热资源每年利用量折合标准煤0.21亿吨，其中水热型地热资源利用量折合标准煤415万吨，开采率为0.2%；浅层地热能利用量折合标准煤1 600万吨，开采率为2.3%，地热资源开发利用潜力巨大。我国浅层地热能资源量为每年2.78×10^{20}焦，相当于95亿吨标准煤，年可利用资源量为2.89×10^{12}千瓦时，相当于3.5亿吨标准煤。我国地热能资源分布不均，可开发地区主要为云南、西藏及四川等地，属高温地热资源，广东、福建等东南沿海地区为对流地热资源，传导性地热资源主要分布于我国华北、东北地区。

地热能的利用主要包括地热发电和热能直接利用两种方式。我国20世纪70年代开始地热能的开发应用，目前共有运行地热电站5座，地热发电总装机容量超过27兆瓦，位居世界第18位，主要分布于西藏、四川西部，发展最为成功的为西藏羊八井地热电站，年发电量超过1亿千瓦时，发电量占拉萨电网的40%左右。地热能直接利用在我国比较广泛，展现出有力的竞争趋势，地热供暖、地源热泵、地热干燥、地热种植和养殖等技术已逐步成熟，我国的地热能直接利用，已位居世界第一，在华北、东北、长江流域，地源热泵已较为普及，并逐步由户用向小区规模发展过渡，已利用地热点近1 500处，地热采暖面积800多平方米，逐渐成为广大村镇解决夏季制冷和冬季采暖的重要节能途径。在我国地热水直接利用方式中，供热采暖占18.0%，医疗洗浴与娱乐健身占65.2%，种植与养殖占9.1%，其他占7.7%。现有地热温室133万平方米，地热鱼池面积445万平方米，地热井眼开发2 500眼，地热温泉旅游近300处。

地热能的应用具有稳定性和持续性，近年来发展十分迅速，在城镇节能减排、减少化石能源消耗、带动区域经济和生态环境保护方面具有重要意义。我国地热能资源丰富，分布较为广泛，但利用率及利用效率均有较大的发展空间，而且地热能利用技术，对温度要求各不相同，可通过地热资源梯级利用与其他可再生能源技术有机结合起来。2017年，我国首次发布了关于地热能相关的全国规划《地热能开发利用“十三五”规划》，计划于

“十三五”期间，新增地热能供暖（制冷）面积7亿平方米，2020年累计达到16亿平方米；新增水热型地热供暖面积4亿平方米，新增地热发电装机容量500兆瓦，在国际地热发电装机容量排名比现在提前2～3位。到2020年，地热能年利用量达到7 000万吨标准煤。

我国地热能技术发展，首先，应积极推进水热型地热供暖在京津冀鲁豫和生态环境脆弱的青藏高原及毗邻区集中规划，统一开发，建设水热型地热供暖重大项目；其次，在东南沿海、华北、东北等地，大力发展户用分布式或小区规模的地热能直接利用，将其纳入我国绿色村镇能源发展建设规划中，促进地热能利用相关的装备制造产业的发展，建立新的建筑用能供应体系，带动新的能源服务业的发展，带动智能电网相关设备与技术的发展，从而创造良好的社会效益、经济效益和环境效益。

3.4 农村能源技术利用现状

我国幅员辽阔，区域资源禀赋差异较大。农村所涉及的能源有生物质能（含生物质直燃、沼气、生物质成型、生物质燃料乙醇、生物柴油），小型电源（含离网型太阳能光伏发电、离网型风力发电、微水电），太阳能热利用（含太阳能热水器、热泵、采暖、制冷空调、太阳房、太阳灶）。近年来，以沼气、太阳能、生物质发电、生物质成型燃料为代表的农村能源产业保持了良好的发展态势，产品类型增多、质量提升，综合效益凸显。

截至2015年底，全国户用沼气从2003年的1 289万户提高到4 193万户，受益人口达2亿人；各类沼气工程超过11万处，生物天然气工程开始试点建设，在集中供气、发电上网及并入城镇天然气管网等方面取得了积极成效；乡村服务网点达到11万个，覆盖沼气用户74%以上，县级服务站达到1 140处，同时农村户用沼气建设标准不断完善，形成了包括《农村沼气“一池三改”技术规范》（NY/T 1639—2008）、《户用沼气池运行维护规范》（NY/T 2451—2013）等一系列标准规范在内的技术标准体系，有力地支撑了农村沼气的大发展，带来了显著的经济效益、社会效益和生态效益。全国沼气年生产能力达到158亿立方米，约为天然气消费量的5%，每年可替代化石能源约1 100万吨标准煤；年可生产沼肥7 100万吨，按氮素折算可减施310万吨化肥，可为农民增收节支近500亿元；年处理畜禽养殖粪便、秸秆、有机生活垃圾近20亿吨，减排二氧化碳6 300多万吨。可见，农村沼气在增强国家能源安全保障能力，推动农业发展方式转变，促进农村生态文明发展等方面都发挥了积极作用。

2020年生物质固化成型燃料站约2 000处，年产量600余万吨；秸秆打捆直燃清洁供暖工程120余处，集中供暖面积240余万平方米；太阳能光伏发电约35万处，装机容量达22万千瓦；太阳能热水器推广面积8 800余万平方米，太阳房约2 600万平方米，太阳灶200余万台；风能发电站11余万处，装机容量达3.5万千瓦；微水电开发约2.9万处，装机容量9万千瓦；地热能发电装机容量约2.7万千瓦，地热能直接利用采暖面积800余万平方米，地热点1 500余处；推广省柴节煤灶约1.2亿台，节能炕近2 000万铺，节能炉约3 200万台。通过这些零碳技术的推广，有效改善了农村居民用能结构，增加了农村地区清洁能源供应，据估算，农村能源的开发利用年节能8 300多万吨标准煤当量，具有可减排二氧化碳2亿多吨的潜力（表3-4）。

在我国广阔的农村地区蕴藏着丰富的清洁能源资源，大多被低效利用或直接弃之不用，白白浪费。如果这些可再生能源能够得到高效合理的利用，将有效改善农村居民传统取暖、炊事、用电方式，对优化农村用能结构，减少污染及温室气体排放具有十分重要的意义。

表3-4　我国可再生能源资源潜力及利用现状

可再生能源	资源可利用量	开发利用率（%）
水能	5.4亿千瓦	50
风能	73亿千瓦	5
太阳能	3 500兆焦/（平方米·年） （相当于标准煤120千克/平方米）	20
生物质能	秸秆7亿吨/年，养殖场禽畜粪便等4亿吨/年 （相当于标准煤6亿吨）	5
地热能	600万千瓦	1

3.4.1　生物质能技术利用现状

生物质资源具有典型的资源和废物的两面性，如不加以利用或妥善处理，往往会带来严重的环境污染。据统计，我国每年畜禽粪污引起的二氧化氮排放约60万吨，甲烷排放量近200万吨；秸秆露天焚烧引起的氮氧化物排放约40万吨，甲烷排放近25万吨。因此，我国高度重视生物质能的开发利用，主要包括电力、燃气及固液燃料等，其主要技术包括沼气、燃料乙醇、生物柴油、生物质气化、生物质直燃发电和生物质燃料供暖等。目前，我国生物质开发主要以沼气利用推广为主，其中户用沼气数量4 000余万户，但由于气候、管理等因素影响，各地区户用沼气利用率及产气量差异较大。我国大中型沼气工程建设超11万处，主要分布于四川、广东、福建、浙江、江西、湖北、湖南、山东、河南等地，工程数量均超过5 000个，全国沼气工程总池容近2 000万立方米，天然气供气户数约200万户，沼气发电装机容量20余万千瓦，年发电量约5.5亿千瓦时。

此外，其他生物质能技术开发，燃料乙醇年产能力约250万吨，位居世界第三，生产企业主要分布在吉林、黑龙江、河南、安徽等地；生物柴油年产能力约150万吨，年产能力5 000吨以上企业仅40余家；秸秆热解气化技术利用工程约800处，年工程运行数量50%左右，供气户数约13万户；秸秆炭化利用100余处，年产量约16万吨。北方寒冷地区冬季采暖能源需求量大，近年来，北方部分省份大力推广秸秆固化燃料或秸秆直燃供暖技术，建成秸秆固化成型燃料站1 300余个，可年产生物质成型燃料500余万吨，推广秸秆直燃供暖工程150余处，供暖面积391.7万平方米。

世界各国正逐步采用如下方法利用生物质能：一是热化学转换技术，获得木炭焦油和可燃气体等品位高的能源产品，该方法又按其热加工的方法不同，分为高温干馏、热解、生物质液化等；二是生物化学转换法，主要指生物质在微生物的发酵作用下，生成沼气、酒精等能源产品；三是利用油料植物（大豆、花生、油菜、芝麻、油棕以及向日葵等）所产生的生物油；四是直接燃烧技术，包括炉灶燃烧技术、锅炉燃烧技术、致密成型技术和垃圾焚烧技术等，其主要技术产品包括沼气、燃料乙醇、生物质固体成型燃料、生物柴油、生物质气化等。

3.4.1.1 沼气

目前，全国沼气理论年产量约190亿立方米，其中户用沼气4 193万户，年产量约132.5亿立方米，各类沼气工程约11万处，总池容达到1 892.6万立方米，年产沼气量约20.1亿立方米。我国沼气正处于转型升级关键阶段。沼气工程总池容较大的省份依次是广东、四川、湖南、江西、浙江、河南、山东等，主要分布在我国的南方地区；户用沼气产气量主要分布在四川、广西、云南、河南、湖南、湖北等。目前，以北京等为代表的多个省（市）户用沼气利用率较低，但在东南和西南的部分地区户用（联户）沼气利用率依然很高，达到90%以上，表现出较强的生命力。近年来，受畜禽养殖模式、农民生活方式改变，以及农村年轻劳动力转移等的影响，全国户用沼气停止运行或低效运行现象较为普遍，其运行维护的社会化服务体系建设不容忽视。在我国，沼气能的利用方式可以分为沼气直燃、简单净化后利用、高度净化后作为生物天然气和化工原料4种方式。具体利用技术为沼气照明、炊事、利用沼气发电、沼气肥、天然气、工业原料。

近年来，生物质沼气利用技术由主要发展户用沼气向规模化沼气转变，由功能单一向功能多元化转变，由单个环节项目建设向全产业链一体化统筹推进转变，由政府出资为主向政府与社会资本合作为主转变。一批规模化沼气工程和生物天然气工程，正积极开拓沼气在供气、发电、车用等领域的应用，在集中供气、发电上网以及城镇燃气供应等方面取得积极成效，同时突出农村沼气供肥功能，将农作物种植与畜牧养殖有机结合起来，推广“‘三园’+沼气工程+畜禽养殖”循环模式，推进种养循环发展，正在不断探索有价值、可复制、可推广的实践经验。

3.4.1.2 直燃发电技术

生物质发电一般分为直燃发电、混燃发电、气化发电等。截至2020年底，我国生物质发电累计并网装机容量达到2 952万千瓦，连续3年位列世界第一。其中，2020年我国生物质发电新增装机543万千瓦，年发电量1 326亿千瓦时，年上网电量1 122亿千瓦时。截至2020年底，我国生物质发电装机占可再生能源装机总量的3.2%，发电量占比达到6.0%。截至2019年底，全国25个省（区、市）农林生物质发电累计装机容量973万千瓦，较2018年增长21%。2020年我国农林生物质发电新增装机217万千瓦，累计装机达到1 330万千瓦；农林生物质发电新增并网项目70个；累计发电量约为510亿千瓦时。生物质发电装机主要分布在东部沿海地区，华东地区最为密集，排名前5位的省份累计装机容量合计占全国累计装机容量的54.3%。近年来，我国生物质发电装机容量和发电量稳步增长。

未来，生物质行业发展将呈现如下3个方面的趋势。

（1）农林生物质发电突破经济性瓶颈者将享受先发优势。农林生物质直燃发电是目前最常见的一种生物质发电技术，以秸秆为例，秸秆发电是指以农作物秸秆为主要燃料的一种发电方式，将秸秆送入锅炉直接燃烧，发生化学反应，放出热量，利用这些热量再进行发电，秸秆发电是秸秆优化利用的最主要形式之一。

（2）生物质燃料收储运体系成熟度不断提升。生物质直燃发电并不存在原料供给短缺问题，但目前生物质燃料收储运体系尚不成熟，直接影响企业的盈利水平。在将来，在实践的基础上，通过创新收购模式，加大精细化管理力度，生物质企业可以大大提升对燃料市场的管控能力，使燃料的收购、配送以及质量、价格均进入良性发展轨道。

（3）技术进步将逐步提升生物质电厂的盈利性。生物质发电技术的提升，有效提高机组的热效率，在使用同等燃料的情况下，输出的电能更多。目前高温超高压机组已开始在生物质电厂使用，转化效率提高到30%以上，随着生物质整体气化联合循环发电技术和热化学技术在生物质电厂的应用，未来生物质电厂转化效率有望达到39%。燃料成本的盈亏平衡点将大幅度提升。

3.4.1.3 生物质成型燃料

我国生物质固体成型燃料的应用主要在生活用能和生产用能两个方面。生活用能主要是取暖和炊事。在农村，常见的固体成型燃料炉具主要有民用炊事炉、民用炊事取暖炉和民用采暖炉。目前，生物质成型燃料年利用量约800万吨，主要用于城镇供暖和工业供热等领域。生物质成型燃料生产规模总体很小，目前，成型燃料生产与锅炉供热在长三角、珠三角等地区产业化示范效果最好。生物质成型燃料供热是防治大气污染、减少煤炭消耗的重要措施，尤其是应用于北方农村地区的供暖关乎民生，是近期生物质能开发利用的重要方向之一。

工业用能是利用生物质锅炉对办公区域供热或进行生物质成型燃料直燃发电、混合发电和气化发电。我国的生物质燃料发电已经具有了一定的规模，主要集中在南方地区，许多糖厂利用甘蔗渣发电。广东和广西共有小型发电机组300余台，总装机容量800兆瓦，云南也有一些甘蔗渣电厂。我国第一批农作物秸秆燃烧发电厂在河北石家庄晋州市和山东菏泽单县建设，装机容量分别为2×12兆瓦和2×25兆瓦，发电量分别为1.2亿千瓦时和1.56亿千瓦时，年消耗秸秆20万吨。

在生物质成型燃料加工生产方面，一定时期内，设备开发和改进尤其是关键部件的耐磨性改进是生物质固化成型的关键，应用硬质合金及其他新材料、新工艺制造关键部件和易损件，提高寿命，降低维修成本，提高稳定性，加强配套设备的研发，提高生产的可靠性和稳定性。

在生物质固体成型燃料利用方面，需做到以下几点：一是研究秸秆等生物质固体成型燃料燃烧过程中碱金属腐蚀问题，从根本上消除或减轻炉膛结渣和结焦等现象。二是研发大型生物质气化、新型燃气净化系统、焦油污水处理和大型低热值燃气内燃机等关键技术。三是研究设计出生物质原料输送及给料系统装置和技术。四是研制与小型发电系统匹配的系列低焦油生物质气化装置、小型高效低热值燃气内燃机以及高效生物质固化成型燃料燃烧炉等。

3.4.1.4 生物质液体燃料

2015年底，燃料乙醇年产量约242万吨，2016年燃料乙醇年产量约252万吨，2017年燃料乙醇年产量约256万吨，2018年燃料乙醇年产量约313万吨，2019年燃料乙醇年产量约268万吨，2020年燃料乙醇年产量约274万吨，目前国内燃料乙醇市场压力重重，主要表现在成本高以及进口增长带来的未来供应上升。尽管大部分燃料乙醇企业当前采用陈化粮进行生产，但民营企业目前仍以新粮玉米进行生产，东北地区多地粮价高，副产品干酒糟及其可溶物弱势下行趋势下，以纯玉米为原料生产燃料乙醇在2020年大部分时间处于亏损状态。受到生产亏损影响，燃料乙醇产量开始下降，在当前乙醇汽油推广政策转为慎重后，需求受限，燃料乙醇拟在建产能明显放缓，并且已有部分产能释放至食用和工业行业中。在低价原料条件难以得到满足的情况下，2021年燃料乙醇产能仍将保持低速增长。燃料乙醇和生物柴油又是重要的石油替代产品，所以，我国重点技术研发方向是利用非粮食原料（主要为甜高粱、木薯以及木质纤维素等）生产燃料乙醇和以麻疯树为原料制取生物柴油，并形成规模化原料供应基地，建立生物质液体燃料生产加工企业。

生物柴油处于产业发展初期，纤维素燃料乙醇仍存在需要突破的技术难题。目前，生物质液体燃料产业规模总体较小，但生物质液体燃料因其能量密度大、运输与使用方便，是我国生物质能源开发的中长期战略重点。2016—2019年我国生物柴油产量较为稳定，2019年我国生物柴油产量为120万吨，较2018年增加了20万吨。我国自主开发的一代、二代生物柴油技术均已达到国际同类先进水平，单套装置的生产规模也在不断扩大，从最初的几万吨扩大到十几万吨、几十万吨。目前全国生物柴油生产厂家有50多家，总产能已经超过350万吨。

3.4.2 太阳能技术利用现状

目前，太阳能的开发应用主要分为太阳能光伏技术（包括太阳能光伏发电、太阳能路灯及太阳能电池等）和太阳能热利用技术（包括太阳能热水器、太阳能灶、太阳能暖房、太阳能采暖、太阳能热泵等）。我国是世界最大的太阳能光伏产品制造国，太阳能电池产量占世界总产量的90%以上，产品出口率约80%，其中，农村小型光伏发电技术发展较为成熟的约35万处，装机容量20余万千瓦，光伏发电技术也由过去的离网型光伏系统，逐步向用户侧并网光伏系统发展。

农村太阳能热利用方面，太阳能热水器应用最为广泛，产业化发展最为迅速，我国太阳能集热器保有量达150吉瓦以上，农村太阳能热水器应用达4 500余万台，其中华北及长江中下游地区应用最多；太阳能灶利用推广230

余万台，西北、西南地区，以及河北、山西部分省份应用相对较多；太阳能暖房近30万处，推广面积2 500余万平方米，主要集中在东北严寒地区及甘肃、北京、河北等地。

从长期角度看，在全球2050年实现碳中和的背景下，到2050年电力将成为最主要的终端能源消费形式，占比达51%。其中，90%的电力由可再生能源发电供应，63%的电力由风电和光伏发电供应。太阳能利用产业方面，光伏发电的发展应用取得了迅速发展。2015年我国新增光伏装机容量达1.5吉瓦，占全球新增装机的25%以上，光伏发电累计装机容量达4.3吉瓦，全国农村累计推广太阳能热水器4 571.24万台，集热面积达到8 232.98万平方米；累计推广太阳灶232.71万台；太阳房29.04万处，集热面积达到2 549.37万平方米。随着技术进步和农村经济发展，近年来太阳能光热利用在农村地区发展迅速。2020年，我国新增光伏并网装机容量48.2吉瓦，同比上升了60.1%，累计光伏并网装机容量达到253吉瓦，新增和累计装机容量均为全球第一。保守估计，到2025年，我国光伏装机总量将达到698吉瓦，“十四五”新增445吉瓦，年均新增89吉瓦，5年年均复合增长率为22.5%；到2030年，我国光伏装机总量将为982吉瓦，“十五五”新增284吉瓦，年均新增57吉瓦。

随着越来越多的国家和有识之士的重视，太阳能的利用技术也有望在短期内获得较大进展。

（1）提高太阳能热利用效率有望获得突破。目前，世界范围内许多国家都在进行新型高效集热器的研制，一些特殊材料也开始应用于太阳能的储热，利用相变材料储存热能就是其中之一。相变储能就是利用太阳能或低峰谷电能加热相变物质，使其吸收能量发生相变，如从固态变为液态，把太阳能储存起来。在没有太阳的时间里，又从液态回复到固态，并释放出热能，相变储能是针对物质的潜热储存提出来的，对于温度波动小的采暖循环过程，相变储能非常高效。而开发更为高效的相变材料将会成为未来提高太阳能热利用效率研究的重要课题。

（2）太阳能建筑将得到普及。太阳能建筑集成已成为国际新的技术领域，将有无限广阔的前景。太阳能建筑不仅要求有高性能的太阳能部件，同时要求高效的功能材料和专用部件。如隔热材料、透光材料、储能材料、智能窗（变色玻璃）、透明隔热材料等，这些都是未来技术开发的内容。

（3）新型太阳能电池开发技术可望获得重大突破。光伏技术的发展近期将以高效晶体硅电池为主，然后逐步过渡到薄膜太阳能电池和各种新型太阳能电池。薄膜太阳能电池以及各种新硅太阳能电池具有生产材料廉价、生产成本低等特点，随着研发投入的加大，必将促使其中一两种获得突破，正如专家预言，只要有一两种新型电池取得突破，就会使太阳能电池局面得到极大的改善。

（4）太阳能光电制氢产业将得到大力发展。随着光电化学及光伏技术和各种半导体电极试验的发展，太阳能制氢成为氢能产业的最佳选择。氢能具有重量轻、热值高、爆发力强、品质纯净、储存便捷等许多优点。随着太阳能制氢技术的发展，用氢能取代碳氢化合物能源将是21世纪的一个重要发展趋势。

（5）空间太阳能电站显示出良好的发展前景。随着人类航天技术以及微波输电技术的进一步发展，空间太阳能电站的设想可望得到实现。由于空间太阳能电站不受天气、气候条件的制约，其发展显示出广阔的前景，是人类大规模利用太阳能的另一条有效途径。

3.4.3 水能技术利用现状

我国农村地区主要是利用各主干河流的中小直流，开发装机容量不超过5万千瓦的小型及微型水电站，资源蕴藏量约1.6亿千瓦，5万千瓦以下的微水电资源开发量达到1.28亿千瓦。目前，我国农村微水电资源分布在全国1 600余个山区村镇，主要集中在中西部地区，其中西部微水电技术可开发量占全国的60%以上，中部地区占全国的近20%，而东部地区占18%左右。我国微水电技术装备基本达到国际先进水平，自动化水平不断提高，经济效益不断增加。西部作为水资源最为丰富的地区，微水电资源已开发900多万千瓦，仅占可开发水电资源的2.1%，发展潜力巨大。农村微型水力发电累计约2.9万处，装机容量超9万千瓦，主要集中于西北、华南和西南地区，装机容量约6.6万千瓦，占全国微型水力发电开发的73%。

经过20多年的努力，我国微水电技术在水轮机、发电机、控制器等方面都取得了长足的进步。目前，国内微水电的整机效率大多在40%～60%，使用寿命为10～15年。一批一体化的整装机组，经过几年的运行，证明其使用寿命、稳定性、安装操作方便性等都达到了产品化的要求，适用于我国农村。2006年，在四川微水电的多机并联供电也取得了成功。目前微水电设备制造厂家近200个，年生产能力超过2 000兆瓦，基本可以满足我国微水电发展的需求。

目前，全国农村微型水力发电（≤500千瓦）累计装机30 272台，装机容量达到9.4万千瓦。我国微水电资源主要分布在长江流域、西南地区和西藏地区，微水电装机也主要分布这些区域。其中装机容量较大的行政区包括广东、广西、云南等，其装机容量分别达到20 859.2千瓦、18177.7千瓦、10 851.0千瓦，三地装机容量占全国农村微水电装机容量的一半以上。全国1 478个村、220多万山区农民实现了以小水电替代化石燃料。

2020年全国水力发电装机容量为3.7亿千瓦时，同比增长3.8%；全国水力新增装机容量为1 323万千瓦。常规水电装机规模达到3.4亿千瓦，装机容量年增长1 300万千瓦左右，其中微水电装机规模达到近1亿千瓦，占常规水电装机规模比例增长到30%左右，发展空间巨大。其中，2020年我国四川地区电力装机容量为7 892万千瓦，云南地区电力装机容量为7 556万千瓦，湖北地区电力装机容量为3 757万千瓦。2020年我国水电设备平均利用3 827小时，比2019年增加101小时。整体看我国水电发展呈如下趋势。

（1）小水电向低成本发展。随着大水电的开发速度降缓，结合水利基础设施的建设，推进小水电和微型水电的发展，尤其是土建投资低的低水头和超低水头电站的发展，将是一个国内小型和微型水电发展的新方向，小型和微型水电的应用范围必将拓展到各个与水相关的行业中。

（2）水电设备国产化。国外发达国家的微水电设备如发电机、水轮机效率及设备可靠性方面与国内的相比有较大优势。例如国外微水电的整机效率最高可达到75%，使用寿命可达20年。因此，我国应加大高校和科研机构对小型和微型水电的科研投入，实现国内先进的大型水电技术小型化和微型化，国外先进的小水电产品国产化，以及提升小水电的开发和改造水平。

（3）水电设备核电站设计特色化。随着低水头水轮机技术的成熟和进步（国内已建的大型低水头电站已经非常多地应用），小型和微型低水头和超低水头水轮机潜在的市场空间非常大。由于应用环境多样化，小型和微型水轮机将朝着“量体裁衣”式的方向发展，出现形式更多样、追求更简单和更紧凑化的设计和产品。

3.4.4 风能技术利用现状

我国风能利用主要围绕风电技术开发，装机容量增速和装机总量均居世界前列，是我国仅次于火电、水电的第三大电源。当前，我国农村主要以推广小型风力发电为主，累计推广达11万余处，装机容量达3.5万千瓦。其中，西北地区风电技术推广约9.5万处，占全国农村小型风电技术利用的85%，其他农村小型风电技术推广主要集中于黑龙江、山东、江苏、湖北、广西等地。

近年来，我国风能利用体系，尤其是风电已进入大规模开发利用阶段，技术装备水平显著提升。截至2015年，我国新增风电机组16 740台，新增装机容量30 753兆瓦，累计装机容量已达145 362兆瓦，较2014年增加了26.8%。从区域角度看，我国西北、华北地区风电发展较快，其中内蒙古、新疆、甘肃、河北处于领先地位，2015年累计装机容量分别达到了25 668兆瓦、16 251兆瓦、12 629兆瓦和11 030兆瓦，占全国累计装机容量的近50%。累计装机超过1 000兆瓦的省份达到24个，累计装机容量超过5 000兆瓦的省份11个。

2019年国家积极推进风电无补贴平价上网项目建设，全面推行风电项目竞争配置工作机制，建立健全可再生能源电力消纳新机制，结合电力改革推动分布式可再生能源电力市场化交易等，全面促进可再生能源高质量发展。截至2019年，全国弃风率下降至4%；而新疆下降至14%，甘肃下降至8%，均创历史新低。2019年我国风电装机容量达到了21 005万千瓦，在全球累计风电装机容量的占比大致为32.29%，较上年上升约1个百分点。2020年1月23日，国家财政部发布《关于促进非水可再生能源发电健康发展的若干意见》（财建〔2020〕4号）指出，从2022年起，中央财政不再对新建海上风电项目进行补贴，且继续实施陆上风电、光伏电站、工商业分布式光伏等上网指导价退坡机制。随着风电平价化趋势的循序渐进以及在2022年后不再补贴新增风电项目的政策，势必在2021年引起抢装热潮。此外，随着风电技术的与时俱进，像是机组大型化、高塔筒和长叶片等技术趋势，风电行业步入成熟、稳定的工业化发展轨道只是时间问题。预计到2025年，我国新增风电装机容量将达到25吉瓦左右。

同时，随着我国风能利用的快速发展，装备制造和配套零部件专业化产业链已逐步形成，且日渐壮大和成熟。目前，我国具备大型风电机组批量生产能力的企业达20余家，叶片制造、发电机制造、机组轴承制造、变流器和整机控制系统制造等相关企业近200家，生产的大、中、小型风力发电机组年出口可达2万台以上，出口机组容量达2.2兆瓦以上，畅销亚洲、美洲等地，部分风电机组制造商已在国外建立分厂。

3.4.5 地热能技术利用现状

我国的地热能直接利用已位居世界第一，逐渐成为广大村镇解决夏季制冷和冬季采暖的重要节能途径。在我国地热水直接利用方式中，供热采暖占18.0%，医疗洗浴与娱乐健身占65.2%，种植与养殖占9.1%，其他占7.7%。现有地热温室133万平方米，地热鱼池面积445万平方米，地热井眼开发2 500眼，地热温泉旅游300余处。目前我国地热资源每年利用量折合标准煤0.21亿吨，其中水热型地热资源利用量折合标准煤415万吨，开采率为0.2%，浅层地热能利用量折合标准煤1 600万吨，开采率为2.3%，地热资源开发利用潜力巨大。

20世纪70年代，我国开始地热能的开发应用，地热能利用主要分为地热发电和热能直接利用两种。目前运行的地热电站有5座，地热发电总装机容量超过27兆瓦，位居世界第18位，主要分布于西藏、川西一带，发展最为成功的是西藏羊八井地热电站，年发电量超过1亿千瓦时，发电量占拉萨电网的40%左右。

近年来，我国农村地区地热能直接利用技术发展迅速，地热供暖、地源热泵、地热干燥、地热种植等技术已逐步成熟，并由户用向小区规模发展过渡。我国华北、东北、长江流域地区地源热泵利用发展较快，并逐步由户用向小区规模发展过渡，已利用地热点近1 500处，地热采暖面积800多万平方米，成为村镇地区解决夏季制冷和冬季采暖的重要节能低碳发展途径。近10

年，我国对地热资源的勘查开发利用进展迅速，勘查、开发利用技术与管理逐步走向成熟，呈现以下趋势。

（1）地热资源开发利用范围不断拓宽。随着地质勘探技术的进步，对地热资源的开发不仅仅局限在地热异常区或分布较浅的地区，在一些大型沉积盆地和有经济基础的城镇，开始进行隐伏地热资源开发的探索。对华北、胜利一些含水量已高达95%～97%的油田，应逐步转向开采地热资源，促进当地的经济发展。

（2）重视地热资源的综合利用与梯级利用。对地热资源的开发利用，已由初期的一次性利用向综合与梯级利用方向转化。地热水往往先用于采暖、供热，再用于环境用水，或依据建筑物对温度的不同要求实行梯级采暖，或将一次采暖后的尾水，利用热泵进一步提取其热能等方式，提高地热资源的利用率和技术含量。在农业温室种植方面，也在考虑根据不同作物对温度的不同要求，对地热资源实行按温度的梯级合理利用。

（3）大力发展热泵技术。目前已普遍利用水（地）源热泵，将储存于恒温带以下一定深度的浅部低温和中温地热能用于采暖和空调用能，该技术已在北京、天津、沈阳等地得到比较广泛的应用。

（4）开始关注干热岩的开发利用问题。随着相关技术的迅速发展，可以预见在不久的将来，干热岩的利用将成为能源利用中不可或缺的重要部分。

3.4.6 其他零碳节能技术利用现状

（1）建筑节能与适配炉具的推广利用。我国城乡一体化发展水平仍存在较大差距，经济水平、居住环境和配套设施有待进一步加强。我国年建筑能源消耗约7.5亿吨标准煤，农村住宅耗能碳排放量约13亿吨，建筑用能一直维持在社会总能耗的20%～25%，房屋建筑热损失率较高，农村建筑围护结构、保温隔热措施、清洁炉具等急需改善加强。目前，我国在广大农村地区已推广省柴节煤灶约1.2亿台、节能炕近0.2亿铺、节能炉约0.3亿台，同时大力推行新型建筑保温材料及保温建筑节能技术等，从而降低农村住宅热损失率，减少生活用能损耗。

（2）空气源热泵技术利用。我国每年采暖、空调制冷及生活热水的能耗占全国能源消耗的15%左右，近年来，配合煤改电的推广实施，空气源热泵技术得到快速发展，用于农村户用或公共设施集中制冷制热，具有能耗低、效率高、速度快、安全性好、环保节能的特点，节能效果可达50%以上。目前，我国空气源热泵装备制造能力已得到充分提升，产业年增长率25%左右，年销售量达100余万台，约20%用于出口。而相比于欧美等发达国家空气源热泵70%左右的使用比例，我国产品市场份额尚不足热水器市场的3%，在分户采暖供热设备市场中所占份额约1%。随着行业的发展，以及农村能源低碳转型发展，空气源热泵技术发展前景十分广阔。

农村能源技术与零碳发展模式案例分析

农村清洁能源主要包括秸秆、薪材、太阳能（光热）、风能、微水电、生物质能等可再生能源。目前，我国农户家庭用能总体消耗上：一是86%的农户以生物质、煤炭作为主要炊事采暖能源。其中，利用秸秆等生物质直接燃烧，占所有炊事燃料总量的60%以上；使用煤炭作为主要炊事用能的农户约为5 760万户，占农村居民炊事用能的25%。二是取暖用能占农村家庭能耗的1/3。我国约有一半地区需要冬季供暖，尤其在北方地区，冬季寒冷，生物质直燃、煤、柴成为主要采暖燃料。特别是长江以北的广大农村地区，过去冬季采暖用火炕或根本不采暖，而目前采用燃煤水暖炉的越来越多。

我国农村地区地域性差异较大，经济发展水平不均衡，不同区域的农村居民在能源消费水平和结构方面也存在着较大的差异，如农区主要使用秸秆，牧区主要使用畜禽粪便，山地和林区主要使用薪柴。所以根据区域资源禀赋、经济社会情况、生态环境压力的不同，农村清洁能源技术及产品的应用也较多。针对我国零碳村镇建设发展理念需求，农村可再生能源技术模式主要包括风能、水能及太阳能的分布式可再生能源发电利用方式。面向终端农村用电、热、冷、气的生物质能规模化开发利用，适用于多能互补分户式的太阳能热利用、空气源热泵、地源热泵等可再生能源技术，以及建筑节能、清洁燃料+适配炉具等清洁能源技术模式。

4.1　太阳能热利用技术与模式

4.1.1　技术模式内容及特点

太阳能资源收集方式简单，总量大，且在农村地区，屋顶资源丰富，建筑相对分散，不存在遮挡等不利因素，适宜在农村推广，有助于农村地区实现能源结构的调整。目前，我国太阳能热利用产品近60%应用在广大农村地区。太阳能热利用技术，即利用太阳能直接照射或者利用集热器进行热量收集加以利用，其技术原理是采用集热器装置将太阳能辐射收集起来，通过与物质的相互作用转换为热能并加以利用。太阳能热利用方式主要包括太阳能热水器、太阳灶、太阳能暖房、太阳能采暖、太阳能热泵、太阳能温室等。在我国农村，利用相对比较成熟的技术是太阳能热水器，并且此项技术已经不依靠政府的任何补贴达到市场化，太阳能热水器行业在我国保持了10余年的快速增长。目前，我国太阳能热水器产量达到1.2亿平方米，保有量达到4亿立方米，年增长率为30%左右，是世界生产和应用第一大国，占全球的70%。

太阳能热水器利用按照水循环动力分为自然循环式和强制循环式两种。自然循环式热水器系统依靠集热器和储水箱中的温差形成系统的热虹吸压头，使水在系统中循环，与此同时，将集热器中有用能量收益通过加热水不断蓄入储水箱内。系统运行过程中，集热器内的水受太阳辐射能加热，温度升高，密度降低，加热后的水在集热器内逐步上升，从集热器的上循环管进入储水箱的上部；与此同时，储水箱底部的冷水由下循环管流入集热器的底部；经过一段时间后，储水箱中的水形成明显的温度分层，上层水首先达到可使用的温度，直至整个储水箱的水都可以使用。

强制循环式供暖系统，分为设置或不设置换热器两种方式，也称为直接加热或间接加热方式，设置换热器方式主要是解决北方寒冷地区防冻问题，在集热器和储水箱之间设置换热器，构成双循环系统。太阳能暖房符合我国农村冬季采暖的要求，近年来发展较为迅速，由于其节能效果明显、居住舒适、使用方便、清洁低碳，备受农户的欢迎。

太阳能热利用技术主要具有以下特点：一是太阳能资源十分丰富，取之不尽，用之不竭，清洁卫生，无污染；二是太阳能热利用设备具有操作简单、维护方便和卫生安全的特点；三是运行费用低，不需要过多额外能源支持；四是运行不稳定，容易受到天气影响，需要与其他能源共同使用。

太阳能热利用技术模式，适用于太阳能资源较丰富地区，结合区域土地综合利用，可再生能源资源种类、分布情况、能源发展需求和环境约束力，依托农业种植、渔业养殖、林业栽培等，开发适宜的“太阳能+”清洁能源综合利用技术模式，充分结合生物质成型燃料、地热能等分布式可再生能源技术，从而促进太阳能技术与其他产业的有机融合。

4.1.1.1 太阳能+电热装置采暖模式

在电力供应基础较好地区，可推广太阳能+蓄热电暖器/空气源热泵/电热膜采暖模式（图4-1），该工艺实现了日间太阳能与夜间谷电的优势互补，可满足极端情况，启动频率极低，运行费用低。日间太阳能充裕，主要利用太阳能热水向室内供热，而夜间恰是谷电时段，启动电热装置采暖，既能满足夜间采暖，又能储能在日间供热，弥补日间阴天、雨雪等无日照天气太阳能热水系统无法启动的短板。

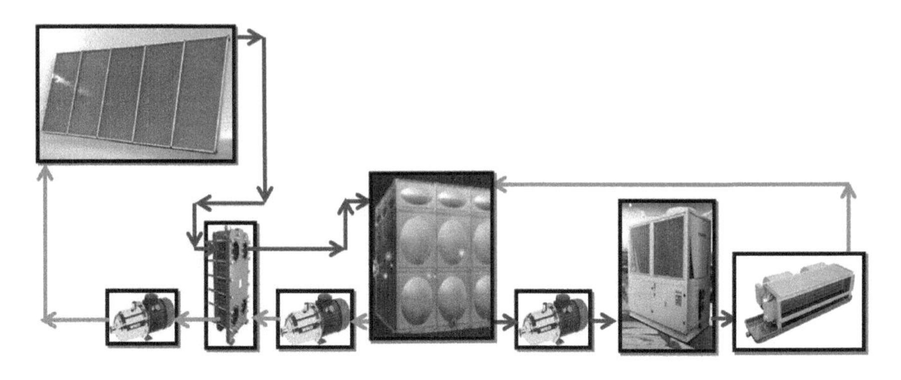

图4-1 太阳能+热泵采暖技术模式路线

4.1.1.2 太阳能+生物质炉采暖模式

在生物质资源较丰富地区，可推广形成太阳能+生物质炉采暖模式，生光互补采暖系统主要包括太阳能集热单元、生物质炉热能补充单元、室内散热单元、自动控制循环单元、防雷避雷单元等部分，系统实现智能控制，能够最大限度的环保、节能，全天候、全自动、低能耗运行（图4-2）。

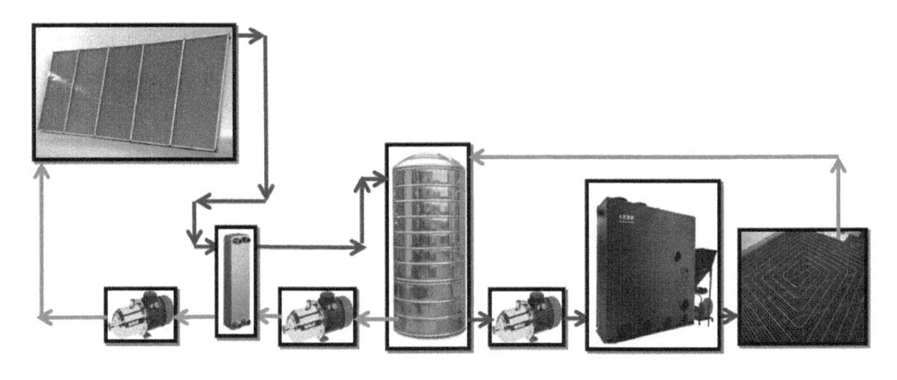

图4-2 太阳能+生物质炉技术模式路线

4.1.1.3　太阳能+燃气锅炉采暖模式

在太阳能资源丰富，天然气供应较充足地区，可推广太阳能+燃气锅炉清洁能源供热技术模式，利用碟式太阳能聚光跟踪集热技术，高效聚集太阳能量，通过导热油将太阳能高温热量置换成蒸汽从而进行供暖，太阳能保证率可达60%以上（图4-3）。

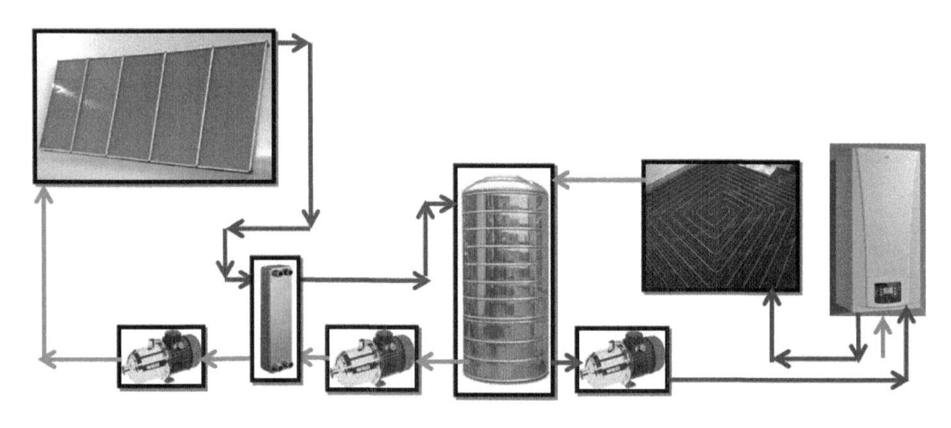

图4-3　太阳能+燃气锅炉技术模式路线

4.1.1.4　太阳能跨季节储热技术模式

太阳能跨季节储热技术是利用储热装置，将夏季收集的多余太阳热量储存起来供冬季使用。该技术可以有效避免太阳能的间歇性缺点，解决能源供需在时间、空间上的不匹配问题，大大地提高了太阳能的利用率，为清洁能源替代、区域能源供给提供新的技术模式。常用的跨季节储热技术包括大型储热水箱跨季节储热、地下含水层跨季节储热、地埋管跨季节储热、岩石类跨季节储热、人工含水层跨季节储热、相变材料跨季节储热、热化学跨季节储热。无论是采用哪种储热技术，太阳能跨季储热模式都有效提高了太阳能利用效率，同时解决了建筑物四季不恒温问题。但是，由于其对地质条件、技术水平和初始投资要求相对较高，目前也仅是在个别地区进行示范推广，但并不能阻止其作为未来极具潜力的清洁能源替代技术的发展。

4.1.2 技术分析

采用“太阳能+”技术模式，户用建筑需满足一定要求，采暖热负荷小于50瓦/平方米，屋顶以平屋顶或坡屋顶，并能满足承重30千克/平方米为宜，房屋建筑朝南，阳光无遮挡，且屋顶、墙体及门窗需进行节能保温的改造。太阳能热利用技术应用建设工期短，操作简单，温度可以自由调控，能效高，使用寿命长，但需有专业人员安装。

根据不同“太阳能+”采暖技术模式的实际运行结果，室内温度全部达到设计指标16～22℃，用户可以根据需求自行调节。投资额根据辅助能源的不同，采用生物质能、燃气或电能约4.5万元，采用空气源热泵辅助能源投资额相对较高，约6.5万元。采暖费用支出方面，除“太阳能+电能”模式为20～29元/平方米，其他技术均为10元/平方米左右，低于当地集中供暖费，符合居民用得起方针，尽管初装费较高，但5年的总费用已经低于和接近单辅助能源采暖的总费用（表4-1）。

与其他清洁能源供暖技术相比，该技术一次性设备投资相对较高，但设备运行费用较低，明显低于燃气锅炉、清洁燃煤供热等技术，且不需维护费用，年综合成本仅为38元/平方米。因此，太阳能热利用在广大农村地区有较好的应用前景，这不仅是由于农村生产生活对于清洁能源数量和品质有广泛的需求，更是由于农村建筑分散布局、单层结构的居住形式为太阳能利用提供了足够的空间。然而，由于太阳能能流密度较低、季节性差异、昼夜间歇性以及易受天气影响等因素，单纯的太阳能热利用仍然不能解决生活全部用能，仍然需要其他形式的能源作为补充，增加了供能系统成本和操作复杂性。

表4-1 太阳能供暖技术综合经济性对比

	清洁燃煤锅炉供热	燃气锅炉集中供热	燃气	空气源热泵	太阳能
市政成本	100万～200万元/千米	100万～200万元/千米	60万元/千米		
管网成本	40～50元/平方米	40～50元/平方米	60万元/千米		

（续表）

	清洁燃煤锅炉供热	燃气锅炉集中供热	燃气	空气源热泵	太阳能
设备成本	30万元	40万元	3 500～5 000元	1.8万～2.5万元	5万元
使用成本	14～18元/平方米	15～20元/平方米	2 100～4 600元/年	3 200～4 500元/年	500元/年
综合成本	57元/（平方米·年）	71元/（平方米·年）	51元/（平方米·年）	74～135元/（平方米·年）	38元/（平方米·年）

注：（1）供热管网根据100平方米/户，65瓦/平方米，250户供热2.5万平方米，采用低温供热65～50℃；

（2）燃气锅炉为24/26千瓦，通气要求2.6立方米/小时；

（3）电力供应10千瓦/户，电力负荷2.5兆瓦；

（4）燃气锅炉、热泵按照家用产品使用寿命10年折旧计算，太阳能按照15年折算，室内供热方式各能源保持一致。

4.1.3 案例分析

4.1.3.1 河北省“太阳能+”多能互补供暖模式

2010年以来，河北省在1 000余户农宅开展了“太阳能+”多能互补采暖模式示范。示范建筑主要是农户自建住房，建筑面积100平方米左右，37厘米墙体，建筑保温效果差。系统由太阳能集热器、保温水箱、辅助能源、供暖末端设备、洗浴设备、管路和控制设备等组成。辅助能源有电锅炉、生物质成型燃料、燃气和空气源热泵等多种。设计保证太阳能贡献率为70%，其余由辅助能源补充供暖。每100平方米建筑配集热器30平方米以上。

通过“太阳能+储能式电暖器”采暖模式，可实现日间太阳能与夜间谷电的优势互补，日间太阳能充裕，主要利用太阳能热水向室内供热，而夜间太阳能热水温度持续降低，供暖能力下降；夜间恰是谷电时段，电价每度0.3元（禁煤区0.1元），启动储能式电暖器采暖，既满足夜间采暖，又能储能在日间供热，弥补日间阴天、雨雪等无日照天气太阳能热水系统无法启动的短板。

采用“太阳能+碳晶电热板”供暖模式，主要建设内容包括太阳能集热单元（含管路、配件）、热能补充单元（碳晶板供热）、室内散热单元（地埋管或风机盘管）、自动控制循环单元、防雷避雷单元等。100平方米供暖面积，太阳能+碳晶电热板供暖安装成本约8万元/户。根据当地实际运行结果，示范农户冬季室内温度全部达到16～22℃，用户可以根据需求自行调节，采暖期单位面积取暖费用约为10元/平方米，符合居民用得起方针，尽管初装费较高，但5年的总费用已经低于和接近单辅助能源采暖的总费用。

4.1.3.2 北京市大兴区榆垡镇刘家铺村太阳能跨季节储热模式

该项目是北京市政府支持的第一个太阳能采暖试点项目，主要为110户农户实施采暖改造。系统由太阳能集热器、地源热泵、保温水箱、采暖末端、土壤换热器、循环泵、控制系统等组成。太阳能与地源热泵结合，春季与秋季太阳能集热器采集热量，加热热水，储存在水箱中，在保证生活热水的前提下，将多余热量通过地埋循环管储存在地下土壤中。夏季建筑物制冷产生的热量也通过地埋循环管被导入地下土壤中蓄存。全年收集的太阳热能向地下土壤输送并蓄存，冬季利用地源热泵采暖供热，实现全年热量平衡。

该项目于2012年投入运行。项目初投入约400元/平方米，包括设备与安装的所有费用。经过2013年冬季和2014年全年运行后，性能达到夏季27℃，冬季18℃。第一年（2013年）冬季采暖开机时，地源侧供回水温度9～11℃。第二年（2014年）冬季采暖开机时，地源侧供回水温度13～15℃。以100平方米供暖面积计算，首个采暖季运行耗电3 200千瓦时，运行费用1 600元，单位供暖成本为16元/平方米。系统运行费用每年递减10%～15%，取得了良好的环境效益和社会效益。

4.1.3.3 辽宁省“太阳能—土壤源复合热泵”技术模式

辽宁省能源研究所研究太阳能—土壤源复合热泵系统的工艺配置、性能匹配、运行模式和监控方式等系统技术，形成太阳能—土壤源复合热泵系统，实现全天候建筑供暖、制冷和热水供应功能。项目投资约100万元，该系统可进行复合热泵的跨季蓄热、互补采暖等相关实验，还可以观察其长期运行性能。利用太阳能或者热泵，每日提供生活热水3～5吨；春、夏、秋三季将富余太阳能导入地埋管中蓄热；冬季利用复合热泵系统为地面辐射盘管提供采暖热源。整个系统采用组态王和PLC进行监控，通过自动控制或手动调节，实现多种不同运行流程，并可实时显示运行状态和在线采集主要参数。

项目利用太阳能进行跨季蓄热，进而构建工艺配置、性能匹配、运行模式和监控方式等系统技术，组成复合热泵系统，不仅可以解决土壤热平衡问题，而且充分利用了低品位自然能源，发挥了热泵系统的优势，实现多能互补。太阳能—土壤源复合热泵系统主要包括太阳能集热系统、地埋管换热系统、热泵循环转换系统及末端用能系统4个部分。与常规热泵系统不同，太阳能—土壤源复合热泵系统可根据日照条件和热负荷变化情况灵活地转换流程，形成多种不同运行工况。为了有效利用太阳能与土壤源的资源特性，复合热泵系统在工艺流程与运行模式设计上，充分体现高度集成和优势互补的总体思想。集太阳能跨季蓄热系统、土壤源热泵系统、复合源热泵系统、太阳能采暖系统及太阳能热水系统于一体，低温自然能源资源利用充分，使用功能齐全。最大限度地利用太阳能与土壤源的互补特性，太阳能解决土壤源的长期不稳定性，土壤源解决太阳能的短期不稳定性。

4.2 生物质气化集中供能技术与模式

4.2.1 技术模式内容及特点

生物质气化是在一定的热力学条件下，使生物质中的纤维素等聚合物发生热解、氧化、还原重整反应，最终转化为一氧化碳、氢气和低分子烃类等可燃气体的过程。一般地，对于木本类和草本类生物质类原料，多采用常压气化工艺。常压气化是在0.1 ~ 0.12兆帕环境中进行。通常气化技术产生的可燃气体高位发热量在4 ~ 12兆焦/立方米。生物质热解气化供气系统通常包括气化装置、净化装置、加臭装置、储罐及调压装置等部分。生物质进入气化装置（固定床气化炉、流化床气化炉或气流床气化炉等），在无气化剂或以氧气、蒸汽、氢气等作为气化剂的高温条件下，通过热化学反应，将生物质中可燃成分转化为可燃气体，产生的粗燃气经净化系统去除其中的焦油、灰分、碳颗粒和水分等杂质并冷却，净化加臭后的燃气通过燃气风机加压储存至储气柜，配合燃气输配管网，居民用户在使用燃气时，储罐中燃气通过调压装置进行减压后送往用户，用作炊事燃料或供暖。

生物质气化技术具有以下特点：一是生物质气化不仅解决秸秆等废弃物污染，而且有利于增加燃气等高品位能源有效供给，变废为宝，化害为利；二是生物质气化抑制NO_x产生，生产的可燃气清洁，无污染，农户使用方便，效率高；三是生物质资源丰富，利用潜力大，符合我国“多用气，少用煤”的能源发展策略，一般1吨秸秆可产1 000～2 000立方米可燃气；四是终端用能方式灵活多样，可以供热、供气、发电，也可生产合成液体燃料和制氢等终端能源产品；五是可燃气热值高、燃烧温度高，解决了生物质直燃效率低的问题；六是农作物秸秆等生物质原料供应存在季节性问题，储存成本大，在一定程度上制约了生物质气化技术推广应用。

我国每年秸秆产生量9亿多吨，综合利用率超过80%，仍有大量农作物秸秆被随意弃置或露天焚烧，严重影响区域大气环境质量。以秸秆为原料的生物质气化集中供气具有充足的原料保障、产气供气就近就便，具有很好的适应性和灵活性，可以作为多能互补调峰的重要来源。然而由于政策、技术和市场等方面原因，目前，生物质气化集中供气技术模式应用相对较少，全国工程数量800余处。其中，京津冀及其周边地区工程累计数量达528处，约占全国工程总量的65%，供气户数达5.5万余户。辽宁省推广建成数量最多达256处，占全国总量1/3以上。生物质气化工程实际运行数量仅为建设数量的45%左右，并多以稻壳、果核为原料，整体上经济收益较低。

目前，应用较为广泛的是生物质气化多联产工艺（图4-4）。一般地，以自然村镇为单元设置集中供气系统，以生物质气化集中供气为纽带，辅以发电机组、供热管网系统等配套装备，通过规模化、梯级化发展，实现气、电、热、肥等能源供应和产品供应的多元化、一体化开发利用，形成“生物质废弃物—热解气化—气液分离—供气、发电、供热—生物质炭肥—木醋液肥料—种植业生产”技术路径，从而提升技术的经济效益和生态效益，促进区域生态循环农业模式的构建。

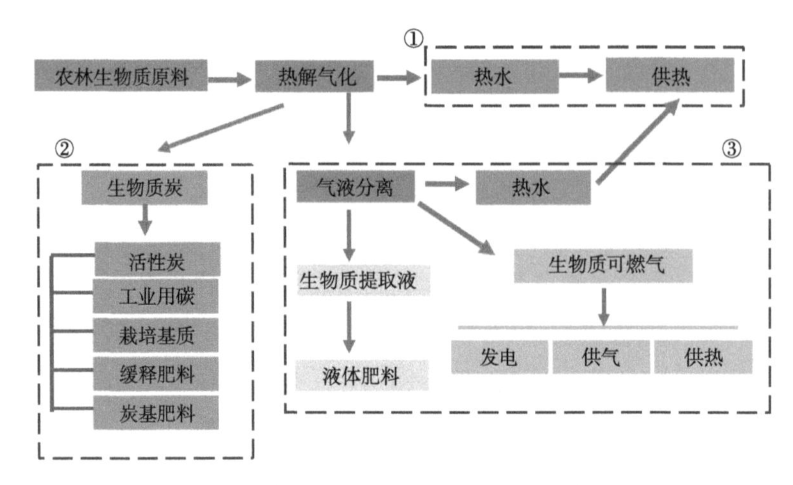

①供热单元；②制肥单元；③多联产单元

图4-4　生物质气化多联产模式技术路线

鉴于当前生物质气化技术水平和市场需求，该技术模式可在林业剩余物资源较丰富的地区适当发展生物气化多联产供能模式，并且要与地方特色产业充分结合，打造高附加值产品（如杏核炭雕工艺品、活性炭等），通过提升产品综合效益，保证工程可持续运行。

4.2.2　技术分析

生物质气化集中供能模式主要以居住相对集中的自然村为单元，利用生物质气化技术生产生物燃气，农户选择壁挂炉作为末端采暖设施，从而实现农户冬季清洁采暖供能需求。与传统的散煤采暖方式相比，生物质气化集中供气模式类似于城市集中供气，解决了城市燃气管道覆盖不到的农村地区供气问题，农户使用方便，加温效果好，既能为气源缺乏地区冬季供暖，也可为农户提供炊事和洗浴用能等。

采用生物质气化集中供能技术模式，一般需要供气管网铺设，建设周期相对较长，农户安装燃气壁挂炉，其装置采暖升温快，加温效果好，可自由控制温度，能效高，采暖效果明显优于传统散煤采暖方式。但在实际市场化运作中，生物质气化工程推广并不理想。究其原因，首先是生物质气化工程投资较高，投资回收期过长，如果没有政府政策资金持续支持，企业难以持续运营；

其次是生物质热解气化技术在焦油二次污染、原料适应性方面并没有很好解决，存在技术风险；最后，生物质气化集中供热技术，单位供暖成本与其他供暖技术相比，缺乏价格优势，气、热、电、灰渣、木醋液等气化技术产品未得到联合开发利用，循环经济链尚未形成，经济效益优势无法有效发挥。

生物质气化集中供气模式资金需求主要包括设备投资和运行费用。设备投资包括生物质气化设备设施和农户终端用能设备壁挂炉投资；运行费用包括气化设备运行费用和农户燃气费。从投资需求来看，生物质气化集中供气模式资金需求量大，一次性设备投资高，依靠市场化运行很难收回投资，必须要依靠政府投资，在政府投资不足的情况下，利用政府担保的方式，发挥信贷资金的作用。

4.2.3 案例分析

4.2.3.1 石家庄医用手套企业生物质气化项目

石家庄市某医用手套生产企业原有1台10吨/小时天然气锅炉，天然气需求量为500立方米/小时，但受能源成本提升和天然气供应稳定性影响，工厂用气经常中断。为保证企业生产，投资加设1台2吨/小时生物质气化炉，设置一套LNG配气系统，设计折旧年限20年，年运行时间300天，生物质合成气4 000标准立方米/小时，热值1 300千卡/立方米。

项目建成后，生物质气化炉年运行成本合计774万元，年产气量为28.8×10^6标准立方米，其中，年消耗生物质原料1.44万吨，按每吨400元价格，年原料费用576万元，合成气的生产成本为0.27元/标准立方米，含税价格为0.327元/标准立方米，同等热值下，生物质气化合成气价格明显低于天然气价格。

4.2.3.2 辽宁省某自然村生物质气化项目

该自然村供给200户采用，单户住宅面积120平方米，采暖热指标按推荐值64瓦/平方米计算，采暖热负荷约1 500千瓦，采用生物质气化集中供暖。该工程包括气化设备、输气管网、厂房等建设内容，投资560万元，平均每户初始投资需2.8万元。按照市场化运营机制，企业投资气化设备和户外管道等设施，用户承担户内炉灶等设备。企业按照每取暖季每平方米25元取暖费收取，企业每年收取采暖费60万元，扣除每年采暖季原料收集和人员费用45万元，每年毛利润15万元。

4.2.3.3 山东省栖霞生物质热电联供项目

为变革该地区燃煤锅炉与土暖气等传统供暖方式，提升区域清洁能源热力供应，由中国节能环保集团有限公司投资4亿元，建成3台75吨/小时的次高温次高压生物质锅炉，配置2台15兆瓦抽凝汽轮发电机组，配套建设集中供热管网及换热站，总装机容量30兆瓦，年发电量1.8亿千瓦时，年供热能力为106万吉焦，供热面积达300万平方米，年消耗生物质原料约130万吨。

项目投产后，通过原料收购，每吨农林废弃物345元，可使农民增收效益达8 000余万元/年。此外，该地区居民供热价格为每平方米27元，非居民供热价格为33元/平方米，政府补贴为4元/平方米，企业供热及发电年收入可达2亿元左右。最后，在节能减排方面，可节约标准煤10万吨，减排二氧化碳25万吨、二氧化硫0.75万吨、氮氧化物0.37万吨、烟尘6.8万吨。

4.2.3.4 河北肥乡区秸秆热解气农村集中供暖工程项目

该项目采用外加热连续式热解炭气联产集中供暖模式，热解炉和燃气锅炉采用一体化设计，热解产生的高温混合热解气直接进入燃气锅炉燃烧集中供暖，为肥乡区东、西贾北堡村共计396户提供冬季清洁取暖。农户按照实际取暖面积缴纳取暖费，每个取暖季每平方米18元，比城市取暖费低，比农户自己烧煤取暖效果好且节省费用。每户按100平方米采暖面积计算，项目供暖面积达39 600平方米，每天需要成型压块燃料12 ~ 16吨。每户年可以减少散煤使用量2.5 ~ 3吨，总减少散煤使用量990 ~ 1 188吨，减少二氧化碳排放2 653 ~ 3 183吨，秸秆燃气锅炉废气排放优于天然气锅炉排放标准。该模式的实施对提升农户居住环境和生活质量，减少大气污染，促进秸秆能源化利用具有积极意义；对解决北方农村集中供暖、让农户享受和城市一样的取暖效果，开辟了一条可复制、易操作的一条途径。

4.3 秸秆打捆直燃集中供暖技术与模式

4.3.1 技术模式内容及特点

秸秆打捆直燃集中供暖技术，是一种秸秆燃料化新工艺，主要以农作物秸秆为原料，将秸秆打包后直接在专用锅炉燃用。秸秆收集后由自动给料装置输送至秸秆直燃供暖锅炉的炉排内燃烧，运用逆流燃烧、二次燃烧、分区分级分相燃料等理论和技术，配合合理的烟气流速，保证生物质通透性，提升燃烧效率。燃料产生的烟气在尾部烟道中依次经过过滤袋除尘器和高效烟气净化装置进行除尘、脱硫、脱氮等，净化达标后排入大气。秸秆燃烧后产生的生物质炭灰可替代化肥还田施用，保证技术的节能环保性。

秸秆打捆直燃集中供暖技术具有以下特点：一是秸秆消耗量大，能够有效解决秸秆露天焚烧问题；二是季节耦合性较好，北方地区冬季供暖与秋收季相契合，原料供应方便；三是运行成本低，设备结构简单、运行稳定，对运维人员要求不高，产业化发展前景广阔；四是原料要求低，原料含水率小于40%、含土量小于30%均可燃用；五是生物质直燃集中供暖成本低，农民易于接受；六是采用专用直燃锅炉，配套旋风、布袋等除尘设备，大气污染物排放符合国家相关标准。

我国北方地区冬季气候寒冷，采暖期长，农村冬季取暖问题一直是难题。受社会经济等条件制约，部分地区农户冬季取暖依靠老式火炕和老式灶、土暖气、普通煤炉等，存在热效率低、耗能高、污染重、易冒烟，对农民的身体健康影响很大，而且存在安全隐患。

针对采暖问题，结合区域生物质资源禀赋与能源供给需求，并充分考虑秸秆生物质收储运等环节，规划形成合理的服务半径，结合燃煤锅炉改造和散煤治理工作，着力推广对住宅小区、公共服务设施、企事业单位等设施的秸秆生物质直燃供暖技术，形成“秸秆收储—自动上料—秸秆整捆破碎—进料燃烧—设施供热—灰渣还田”的生产模式，采暖期室内温度通常可保持在20~25℃。同时，采用政府支持、企业实施管理、技术单位合作等方式，协调供热管理运营，农户及相关取暖部门采取供热服务购买方式，保障企业经济效益，从而改善农村人居环境，提升农村居民幸福感。

秸秆打捆直燃集中供暖技术在北方地区得到普遍认可（图4-5），在辽宁、黑龙江、河北、山西、吉林等省建成秸秆打捆直燃供暖试点150处，供暖面积391.7万平方米，为乡镇机关单位、农村社区、学校、相关企业等实现了集中供暖，具有较好的应用效果。特别是在辽宁省，2015年起开始试点应用秸秆打捆直燃集中供暖技术，目前试点中单体锅炉供暖实际使用面积最大为7.3万平方米，年可利用秸秆4.1万吨，折合代替标准煤2.05万吨，与燃煤相比，减排二氧化硫174吨、二氧化碳5.38万吨。

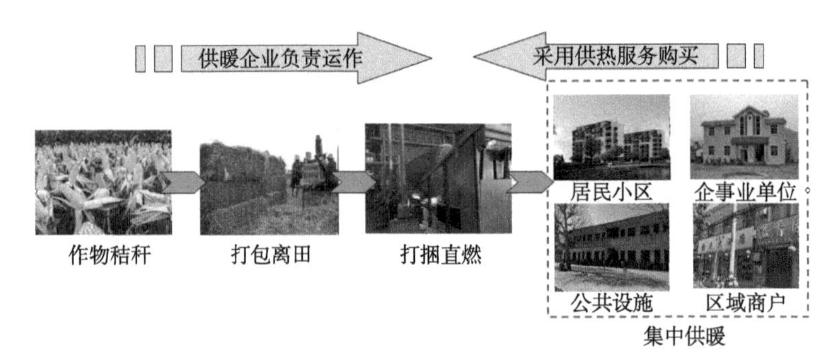

图4-5　生物质直燃集中供暖模式技术路线

4.3.2　技术分析

生物质直燃供暖技术模式适用以种植业为主的乡镇村屯，该区域作物秸秆资源丰富易得，冬季取暖能耗高，燃煤资源相对紧缺，或传统电力供应压力较大，通过技术模式推广应用，可有效促进农业农村节能减排，提升秸秆综合利用率，缓解区域能源供给压力。在投资运营方面，生物质直燃集中供暖模式建设资金需求主要包括前期设备投资和后期运行费用。设备投资包括生物质直燃锅炉设备设施和农户终端用热设备暖气片投资；运行费用包括锅炉设备运行费用和农户供暖费。从投资需求来看，生物质直燃集中供暖模式资金需求量大，一次性设备投资高，依靠农民投资难度大，必须要依靠政府投资，在政府投资不足的情况下，可采用政府担保的方式，发挥信贷资金的作用。在运营过程中，可由供暖企业负责区域秸秆的收储工作，秸秆在田间打包成型，可就地存放，由企业分期拉运，集中存放，实现秸秆当季消纳。而农户及相关取暖部门，采用供热服务购买方式，从而保障企业经济效益。

与传统的散煤采暖方式相比，生物质直燃集中供暖类似于城市集中供暖，技术成熟可靠，农户使用方便，将秸秆打包后直接在专用锅炉燃用，实现从田头到炉头无缝衔接，减少了秸秆收储运、加工环节，有效降低供暖成本，具有更好的经济性和市场竞争优势（表4-2）。根据部分秸秆直燃锅炉运行情况分析，秸秆直燃锅炉每蒸吨（1蒸吨=0.7兆瓦）造价15万元左右，可带动供热面积8 000平方米，每平方米供暖消耗秸秆65.0～100.0千克，秸秆原料成本为150～180元/吨，单位面积供暖成本约15元左右，与燃煤相比，按每吨燃煤650元价格计算，每平方米供热成本约28元左右，运行成本可降低约48%，而与秸秆压块燃料相比，每吨燃料可节省加工和二次运输成本近300元，供暖综合成本远低于其他锅炉。

表4-2　1蒸吨（0.7兆瓦）不同种类锅炉技术经济分析

	燃煤	秸秆压块燃料	打捆直燃
锅炉功率（千瓦）		700	
取暖期（天）		180	
每天运行时间（小时）		16	
热效率（%）	68	80	80
燃料价格（元/吨）	800	310	150
燃料热值（兆焦/千克）	21.0	16.0	12.6
燃料密度（吨/立方米）	1.1～1.5	0.7～1.1	0.12～0.14
燃料用量（千克/小时）	177	198	251
取暖季总用量（吨）	509	570	722
燃料费用（万元）	40.8	17.7	10.8

在环境效益方面，使用传统燃煤锅炉1万吨燃煤达标排放量为燃煤颗粒物排放量21吨，二氧化硫排放量95.4吨；使用秸秆打捆直燃锅炉1万吨秸秆达标排放量为燃煤颗粒物排放量5.3吨，二氧化硫排放量4.8吨。相比之下，使用秸秆优势巨大，每万吨颗粒物排放量减少15.7吨，二氧化硫排放量减少90.6吨。同时，燃烧后灰渣可用于还田，增加土地肥力，达到节能减排的效果。

4.3.3 案例分析

4.3.3.1 辽宁省铁岭市铁岭县新台子镇集中供暖项目

辽宁省铁岭市铁岭县新台子镇，集中供暖面积7.3万平方米。原有燃煤集中供暖锅炉，年燃煤消耗量为1 700吨，年供暖燃料成本达110余万元，加上人工、电费等其他支出，年采暖期供热成本合计约157万元。围绕老式燃煤供暖锅炉改造，采用10吨打捆直燃锅炉供热，改造费用137万元。项目建成后，年消耗生物质秸秆4 000吨，燃料价格降至180元/吨，每年燃料成本合计约72万元，与旧式燃煤锅炉取暖相比，采暖期燃料成本节支约38万元，加上人工、电费等其他支出约37.5万元，年供热成本节支可达47.5万元。同时，采用生物质直燃集中供暖技术模式，供热成本由原来的21.5元/平方米，降至15元/平方米，每平方米供热节支约6.5元。按照21元/平方米收取供暖费用，年直接经济收益合计约43.8万元，预计3个供暖期可回收改造成本。

4.3.3.2 黑龙江省海伦市海北镇集中供暖项目

黑龙江省海伦市海北镇于2019年推广建成项目1处，采用额定功率20蒸吨生物质打捆直燃锅炉1台，替代了10蒸吨老式燃煤锅炉，改造了秸秆破包设备、锅炉温控监测设备，以及改造了电机、风机、除尘器等设备，总投资额435万元。

项目实施后，一个采暖季的运行成本为340.8万元，其中秸秆燃料价格为150元/吨，单位面积燃料消耗为63吨，燃料费用为222.1万元，每平方米供暖成本为14.5元/平方米。按原有燃煤锅炉运行成本计算，燃料价格为650元/吨，单位面积供暖成本为27.8元/平方米，年供热成本达653.3万元，节支金额共312.5万元。项目收入方面，清洁供暖面积增至23.5万平方米，其中户用住宅采暖面积约为16.5万平方米，农户取暖费用由原36.2元/平方米降至32元/平方米，年热费收入可达528万元。商业服务及其他公共设施采暖面积达近7万平方米，取暖费用由原52元/平方米降至40元/平方米，年热费收入可达280万元，企业年收入总计为808万元。

4.3.3.3 黑龙江省绥棱县绥棱镇集中供热项目

该项目供暖面积6万平方米，采用12蒸吨打捆直燃锅炉供热。改造前采用同吨位燃煤锅炉，每年燃煤2 600吨，每吨煤750元，燃料成本在195万元，每平方米供热燃料成本32.5元，加上人工等费用，每平方米供热成本在38.8元；改造后，每年消耗秸秆8 000吨，每吨秸秆150元，每年燃料费用120万元，相当于每平方米燃料成本20元，加上机械、人工等费用，每平方米供热成本20.7元。该供热模式与传统燃煤供热模式相比，每平方米节约18.1元，该项目每年节约可达108.6万元。该项目改造费用165万元，据此计算，1.5个供暖季可回收改造成本。

4.3.3.4 吉林省农安县伏龙泉镇佳伟家园供热项目

该项目供暖面积4.2万平方米，采用6蒸吨打捆直燃锅炉供暖。改造前采用同吨位燃煤锅炉，每年燃煤1 350吨，每吨煤700元，燃料成本在94.5万元，每平方米供热燃料成本22.5元；加上人工等费用，每平方米供热成本在28.2元；改造后，每年消耗秸秆3 000吨，每吨秸秆180元，每年燃料费用48万元，相当于每平方米燃料成本12.8元，加上人工、机械等费用，每平方米供热成本18元。该供热模式与传统燃煤供热模式相比，每平方米节约10.2元，该项目每年节约可达42.84万元。该项目改造费用150万元（含锅炉款+土建+锅炉房建设），据此计算，3.5个供暖季可回收改造成本。

4.4 厌氧发酵产沼气技术与模式

4.4.1 技术模式内容及特点

厌氧发酵产沼气技术，是世界公认的最有效的有机废弃物处理技术，适合处理含水率较高且容易生物降解的有机物。我国是最早利用和发展沼气的国家之一，全国农村户用沼气达4 000余万户，受益人口达1.6亿人，另有大中型沼气3 700余处，规模化沼气工程8万余处，总池容1 106万立方米，年产沼气150亿立方米，相当于全国天然气年消费量的11%，年减排二氧化碳6 100万吨，利用沼渣沼液生产有机肥料近5亿吨，为农户增收节支近500亿元。秸秆、粪污和生活垃圾等有机废弃物，经过简单分类或预处理，进入厌氧发酵罐，在适宜的发酵浓度、温度、酸碱度等条件下，通过微生物转化为以甲烷为主要成分的沼气。沼气中含50%～70%的甲烷和30%～50%的二氧化碳，低位发热量为21～23兆焦/立方米。沼气经脱硫塔、气水分离器等装置提纯净化后，储存于储气柜中，通过输气管网供给周边农户作为生活生产用能，既满足了农村用能需求，又缓解了农业农村面源污染问题（图4-6）。经过“十一五”和“十二五”技术初期的攻关和快速发展，我国沼气利用技术在原料上形成了畜禽养殖粪污、生物质秸秆、有机废水废渣、生活垃圾等多种原料共同利用的格局；规模上形成了农村户用沼气，联户集中供气、大中型沼气工程共同发展的布局；技术装备上多种多样，形成了以国产为主，引进借鉴国外先进技术为辅的沼气制备技术；沼气利用方式形成了农村生活供气，沼气发电、沼气热电联产、沼气净化提纯等多种利用模式。该技术具有以下特点：一是原料广适性，畜禽养殖粪污、作物秸秆、生活污水、餐厨垃圾和农产品加工废弃物均可以作为原料来源；二是能源环境效益显著，既能提供清洁能源，又能实现农作物秸秆、畜禽粪污无害化处理；三是终端产品利用多元化，可以作为管网用气、供电、供热、车用燃气、罐装燃气等多种终端产品应用；四是有利于发展种养结合型循环农业，推进农业绿色可持续发展；五是技术装备成熟，运行稳定。

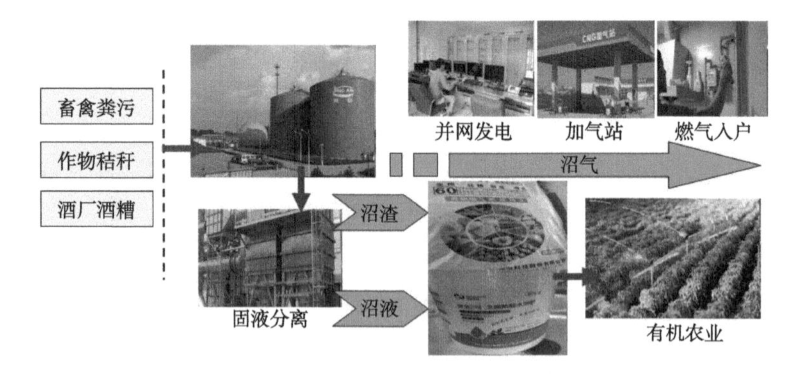

图4-6　厌氧发酵产沼气技术模式路线

目前，我国户用沼气池技术较为成熟，并处于国际领先水平，在政府补贴政策支持下，一直处于稳定发展状态，农村联户集中供气、大中型沼气工程也进入大规模推广应用阶段，科研技术水平不断深入。我国厌氧发酵产沼气技术模式多以畜禽养殖粪污、秸秆、生活垃圾等有机废弃物无害化处理为主要目标，而在欧洲、北美等地区沼气工程多以清洁能源生产为主要目标。规模化沼气工程一般在配备原料预处理单元、主体发酵单元、储气单元、沼渣沼液储存单元等设施设备基础上，增设增温保温装置、沼气提纯装置、沼气发电设备、沼渣及沼液利用设备等，主要目的是提高产气效率和增加产品附加值，从而构建了以沼气为纽带的种植业、养殖业、清洁能源产业等多行业结合的循环经济模式。通过长期示范和实践，总结出北方“四位一体”、南方“猪—沼—果”、西北“五配套”等沼气生态建设应用模式，并形成了完善的技术推广和服务体系，应用传统的生态、循环理念，根据资源禀赋，遵循因地制宜的原则，产生了不同类型的生物燃气工程模式，具有较为突出的区域特色。在推进城镇化进程，建设生态文明，促进社会经济可持续发展等方面起到了重要作用。

4.4.2 技术分析

生物质厌氧发酵技术适用于种植业、养殖业发达地区，特别是农作物秸秆、畜禽粪污资源丰富区域，通过生物质规模化利用，形成多元化能源商品供给方式，改善区域能源消费结构，并充分结合区域种植、养殖业生产，消纳厌氧发酵剩余物，培育生态循环农业技术模式。

厌氧发酵产沼气技术的开发利用，效益收益水平相对较低，但外部经济性较强。通常沼气工程建设初始投资较大，投资回收期长，内部收益率低。目前，大多数沼气工程的主要经济效益体现为成本的节约，商品性产出少，基本上不能带来独立的现金流。因此，沼气工程更重要的是带来较高的能源效益与社会效益，难以由市场交易及价格体系反映出来，难以用经济指标衡量。

影响和制约厌氧发酵技术经济的关键，多是缺乏沼气、沼渣及沼液产品的开发利用，导致沼气工程效益无法得到有效的发挥。因此，厌氧发酵技术的开发利用，应着重沼气副产品加工及沼渣沼液综合利用的环节，保证循环经济链的完整性，并以此为突破点，实现沼气工程的经济效益和社会效益。

4.4.3 案例分析

4.4.3.1 河北省安平县“热电气肥”联产循环利用模式

河北省安平县京安生物能源科技有限公司，以沼气和天然气为主要处理方向，对县域内畜禽粪污及作物秸秆等农牧业废弃物进行综合治理，整县推进，通过厌氧发酵产沼气、生物质发电、城镇集中供热和有机肥生产等产业有效链接，形成了完整的“热、电、气、肥”联产循环利用模式。

项目总投资达9 600余万元，工程包括如下方面。

（1）2兆瓦沼气发电工程。年处理畜禽粪污30万吨，年产沼气657万立方米，发电1 512万千瓦时，年产生物有机肥5万吨和液体肥20万吨，解决年存栏10万头猪场粪污问题。

（2）生物天然气工程。建设厌氧发酵罐6座，共30 000立方米，年可消纳玉米秸秆7万吨，可处理畜禽粪污10万吨，年可生产沼气1 152万立方米，提纯生物天然气636万立方米，铺设中低压输气管网182千米，供周边8 595户居民取暖和炊事用能。

（3）生物质热电联产项目。年耗秸秆约28万吨，年可发电2.4亿千瓦时，供热55万吉焦，年替代标准煤10万吨，全年可减少二氧化碳排放约26万吨。生物质直燃发电厂以废弃秸秆、废弃果树枝等为原料，实现发电并网，余热供应县城居民供热，已取得政府特许经营许可，供应面积为130万平方米，发电产生的草木灰，应用有机肥厂生产生物有机肥。

4.4.3.2 河北省正定县沼气工程生态循环农业模式

河北省正定县以存量户用沼气池、大中型沼气工程为基础，通过引入现代信息化管理手段，以第三方托管公司为平台，以肥养气发展循环农业技术模式。首先，该模式引入智能沼气管理系统，政府出资200元/户，对沼气用量实现可计量、可监控、可核查，并以此为依据实现政府对物业站进行用气补贴。其次，创新“全托式”沼气物业服务系统，沼气用户以入会形式缴纳费用并享受服务，由托管公司对用户提供服务保证沼气的正常使用。最后，着力开发沼渣沼液综合利用工程，托管公司以400～1 500个户用沼气用户或1 000立方米大中型沼气工程为基础单元，建设供应户用沼气发酵原料并回收沼渣沼液，进行有机肥料的加工和销售。

项目建成了年产5 000吨沼液肥的加工厂，沼肥产品进入了政府采购目录，服务农田已达5万余亩（1亩≈667平方米，全书同），按每吨沼液肥600元计算，沼液肥收入可达300万元/年。通过沼气“全托式”服务，沼气使用率提高到90%，每户年均用气量达到240立方米。该模式以全面恢复沼气工程用气功能，减少煤炭能常规能源使用量，实现农村节能减排，年用气量达36万立方米，节约标准煤250余吨，年减排二氧化碳量640余吨，实现了沼渣沼液综合利用，在解决农业面源污染问题的同时，减少了化肥农药的施用，提高了农民的收入。

4.4.3.3 山西省长治市长子县西汉村沼气工程集中供暖模式

该项目工程总投资2 000余万元，现有规模1 300立方米和5 500立方米两个厌氧发酵罐，2 000立方米储气柜1座。该工程日产沼气7 000立方米，由沼气输气管网向农户直接供气，可为西汉村397户农户提供日常生活炊事用能和冬季清洁取暖用能。公司按照1.5元/立方米的价格收费，冬季使用沼气约20立方米/（户·天），一个取暖季取暖费约3 600元，市、县财政各补贴运行费用1 200元，农户仅需缴纳取暖费1 200元左右。生产的沼渣沼液，通过水肥一体化设备供应周边有机旱作农业示范区的3 800亩耕地和300多栋蔬菜大棚使用。通过种养结合，以种植带养殖、以养殖保沼气、以沼渣沼液促有机种植生态农业循环发展，不仅解决了园区的环境污染问题，还实现了冬季清洁供暖，给居民生活带来了崭新的变化。

4.4.3.4 黑龙江省通河县生物质气、热、电联产模式

黑龙江龙能伟业环境科技股份有限公司探索出“生物质气、热、电联产”模式（简称龙能模式），为农村地区提供生物天然气、电、热等清洁能源产品，提高农村用能品质、改善农村用能结构，实现区域农作物秸秆、畜禽粪

便以及生活垃圾的循环、高效利用。龙能模式分别由车库式干法生产沼气项目、全混式湿法生产沼气项目和直燃发电并网项目3个子项目组成。通河县龙能生物质气热电联产项目总投资1.37亿元，用于办公、生产、消防等设施和设备的建设和购置，利用龙能模式可每年处理2.67万吨的农作物秸秆、0.53万吨的禽畜粪便和7.3万吨的生活垃圾，年产420万立方米的生物天然气、年供热20万平方米、年发电2 520万千瓦时、供汽3万蒸吨。项目达产后可实现年销售收入4 380万元，年利润总额2 200余万元，可在4.7年内完成投资回收。龙能模式在利用秸秆、粪便和生活垃圾生产清洁的可再生能源的同时，实现了对城镇和农村环境的治理，实现了农业废弃物和生活垃圾的无害化、资源化、减量化处理，缓解了项目所在区域的能源供需矛盾，改善了农村的用能结构，提升了居民的用能品质，具有良好的社会效益和环境效益。

4.4.3.5 黑龙江省甘南县生物天然气、肥联产模式

黑龙江省蓝天能源发展有限公司在齐齐哈尔市甘南县建成一处秸秆沼气工程。位于该县的甘南镇美满村，占地面积约7.1万平方米，总投资1.265 8亿元，其中“生物天然气项目”占7 000万元。该项目的投资已经完成办公、厌氧发酵、生物质天然气输配、加气站、消防等基础建设及提纯、脱水机、原料气体缓冲罐、除尘系统等设备的购置和安装。该项目7座2 000立方米的“连续卧式干法厌氧发酵沼气池”建设完成，运行达产后，每天可处理玉米秸秆130吨、牛粪10～20吨，生产4万立方米的沼气和2万立方米的生物天然气以及160吨沼渣。该项目达产达标后可年产1 500万立方米沼气，年处理秸秆10万吨，生产生物有机肥2万吨，每年可节约2.2万吨标准煤。生物质天然气、肥联产模式可缓解甘南县秸秆和禽畜粪便造成的环境压力，解决甘南县能源紧张的问题，改善甘南县用能结构，促进甘南县循环农业的发展，具有良好的环境效益和社会效益。

4.4.3.6 黑龙江省富裕县生物质热电联产项目

该项目遵循“热电联产，在保证机组满出力发电运行的基础上，充分利用机组作完功的乏汽，采用低真空供热的方式保障居民冬季采暖用热”的

原则，建设2台150吨/小时燃秸秆高温超高压循环流化床锅炉，配2台40兆瓦高温超高压抽凝式汽轮发电机组。厂址位于富裕县城区南侧的规划工业园区内，距离富裕县城区约3千米。生物质热电联产项目所用的燃料为富裕县周边的农业生物质燃料（玉米秸秆、葵花秆、稻壳等）和林业生物质燃料，并以玉米秸秆作为设计燃料，稻壳作为校核燃料。农业生物秸秆以打包成捆的形式运入厂区，稻壳和林业生物质以散料的形式运入厂区，有关厂外燃料收集、采购和运输由业主单位与其他协作方合作完成。

4.5 农村户用清洁炉具技术与模式

4.5.1 技术模式内容及特点

农村户用清洁炉具主要是指利用燃烧学和热力学原理，进行科学设计而建造或制造出的适合农村炊事、取暖等炉、灶、炕等用能设备。相对于传统炉灶而言，农村户用清洁炉具改变了内部结构，对炉具的燃烧室、进风口、炉箅等内部结构进行了合理改造，增加了保温材料和余热利用装置等。按照“燃料适配炉具”要求，热效率可高达70%以上。农村户用清洁炉具技术具有以下特点。

（1）适合生物质、煤炭等不同燃料需求，有利于实现秸秆资源化利用，解决农村普遍存在的秸秆露天焚烧问题。

（2）利用生物质燃料，二氧化硫排放较少，实现二氧化碳零排放。

（3）符合农村用能习惯，能够同时满足农户取暖与炊事需求。

（4）生物质燃料涉及从收储运体系到成型燃料的加工，再到终端用户的购买使用等多个环节。

（5）生物质燃料质量不一，利用不合理会造成室内环境污染问题。

“燃料适配炉具”技术模式是由中国农村能源行业协会节能炉具专业委员会通过多年探索与实践总结提出的，其基本依据就是采暖炉具大气污染物的排放特征，是由炉具性能和燃料属性共同决定的。只有通过燃料与节能环保炉具的匹配，才能最大限度降低大气污染物排放浓度。农村居民分散采暖使用的炉具，大气污染物的控制难以采取烟气处理的措施，而清洁燃料匹配节能环保炉具不仅具有技术合理性，而且具有经济可行性，其经济效益和环保效益明显。实践证明，“燃料适配炉具”热效率能达75%以上，而传统低效采暖炉热效率只有40%左右。

按照中国农村能源行业协会提出的《炉具能效提升计划（2016—2020年）》预期目标，到2020年，我国累积推广节能环保炉具3 000万台，替换传统炉具3 000万户，炉具热效率平均提高20个百分点，可以实现每年节煤4 500万吨，减排二氧化碳11 700万吨、二氧化硫38.3万吨、氮氧化物7.2万吨、颗粒物60.8万吨。

节能灶是我国农村主要发展和推广的用能设施之一。传统炉灶由于热效率低，每年需要燃烧大量的作物秸秆、畜禽粪便等生物质能，导致农业生态环境日趋恶化。针对这一突出问题，政府提出开发与节约并举的农村清洁用能建设方针，大力推广高效省柴的节能灶炕，从而提高生物质能直接燃烧的热能效率，减少资源浪费，进而改善农村区域环境，促进农业生产和农村经济的持续发展。与旧式灶炕相比，节能灶炕燃烧和传热更加科学合理，改革了炉膛、炉壁与灶膛之间的相对距离和吊火高度、烟道和通风等，并在炕灶上增设了保温措施，所以节能灶更加节省燃料、省时、上火速度快、使用方便、安全卫生。据估算，一台节能灶1年可节约开支60元（人民币）左右。目前，我国研发的各类节能灶其热效率由35%提高到60%以上，基本可以满足不同农户的各种需求。新式的高效节能灶，可以按季节或需要调节温度，外形更加美观，安装更加便捷，造价更低。我国农村节能灶炕现累计推广近2亿台，从事农村节能灶炕企业超过400家，总产值已超11亿元（人民币），同时，我国计划到2030年，将全部淘汰低效旧式炉灶。

4.5.2 技术分析

农村传统炉具和取暖设施热效率仅为30%～50%，排放不达标，不仅造成大量资源浪费，同时严重影响周边空气质量。农村户用清洁炉具大多采用反烧或正反烧相结合技术，燃料适应性广，一次加料可长时间连续燃烧，燃料燃烧充分，热效率高，有害物质排放低。目前，农村户用清洁炉具的热效率平均值达到80.8%，烟气污染物中颗粒物<30毫克/立方米、SO_2<10毫克/立方米、

NO_x<150毫克/立方米、CO<0.10%，满足新修订的能源行业标准《清洁采暖炉具技术条件》（NB/T 34006—2020）要求和国家强制性标准《锅炉大气污染物排放标准》（GB 13271—2014）中重点地区锅炉大气污染物特别排放限值。

采用农村户用清洁炉具，按每个农户住宅建筑面积为100平方米计算，一个采暖季耗能费用，采用清洁炉具设备初始投入一般为1 500元左右，改造及配套设备等附加投资在3 000～4 000元，运行成本在1 800～2 700元，运行费用明显低于电采暖及燃气采暖成本。农村户用清洁炉具适用于居住分散，特别是农作物秸秆、洁净煤等资源丰富的地区。在具体实施过程中，根据地方资源禀赋，应遵循因地制宜原则：一是“宜煤则煤”。根据当地煤种（烟煤、无烟煤、型煤），适配专用节能环保型燃煤炉具，通过烧好煤、少烧煤、少排放，实现煤炭清洁高效利用，减少燃煤污染物排放，如华北、东北等产煤区。二是“宜柴则柴”。指在生物质资源丰富的农林牧区，充分利用生物质燃料，配套专用高效低排放生物质炉具，实现燃煤替代。

4.5.3 案例分析

4.5.3.1 山东省乐陵市河沟张村“洁净型煤+专用采暖炉”项目

河沟张村全村100余户居民，1月平均温度为-7～3℃，采暖期4个月，房屋多为混凝土结构平房，外墙没有保温措施。居民习惯使用燃煤炉具取暖，其中60%用户使用传统水暖炉，价格800～1 000元/台，20%用户因家庭经济条件较差，使用传统低效烤火炉，价格80～150元/台。为改善空气质量，2016年，政府大力推进节能环保炉具配套洁净型煤取暖工程，居民购买政府推广的节能环保炉具补贴400元/台，购买政府推广的洁净型煤补贴200元/吨（市场销售价格740元/吨）。

全村共20户建成使用“洁净型煤+专用采暖炉”技术，该模式使用方便、容易点火、添煤之后升温快、取暖效果好、室内无异味，室内温度可达到18～20℃。以150平方米供暖面积计算，更换高效清洁炉具、配套燃烧洁净型煤，一个采暖季户均燃煤不到2吨，取暖支出约1 500元，SO_2排放减少70%以上，NO_x排放减少50%以上，烟尘排放减少80%以上。

4.5.3.2 内蒙古呼和浩特新城区府兴营“蜂窝煤+专用采暖炉”项目

新城区府兴营冬季平均气温为-15～-5℃，每年采暖期5个月左右，居民房屋多为砖瓦结构平房，住宅墙体没有使用保温材料，且采暖面积偏小，只有20～30平方米。当地居民传统采暖方式为自制烤火炉，主要烧散煤，经济条件较差的居民烧薪柴取暖。2017年，呼和浩特市通过政府补贴的方式向老百姓免费提供冬季取暖所需的洁净型煤和环保炉具，共推广1万台炉具和2万吨方形蜂窝煤。该技术模式具有使用方便、操作便捷、燃烧稳定等特点，按100平方米供暖面积计算，炉具使用后污染物排放和室内气味均有明显改善，热效率达80%以上，一个采暖期可节省采暖开支1 500元左右。

4.5.3.3 内蒙古赤峰市“成型燃料+专用采暖炉”项目

2015年，赤峰市巴林左旗隆昌镇半拉沟村有计划、分步骤地进行整村推广灶台式节能环保炉198台，并配装生物质成型机，实现农牧废弃物“由粗放性散烧到洁净性使用”的根本性转变。通过项目建设，生物质炉具兼有采暖、炊事和温炕等多种功能，以采暖为主的同时，热烟气可以通入炕中将余热利用，达到暖炕的目的，燃料热效率可在80%以上。

该技术具有升温快、取暖效果好、使用干净等特点，农户购买生物质炉具平均350元/台，其中政府补贴150元，可用1亩地秸秆置换半吨压块或颗粒燃料，冬季室内温度可达20℃左右。使用灶台式节能环保炉之后，农牧用户每年每户炊事、烧炕、烧热水用秸秆柴草约4吨，与传统用能消费方式相比，可减排二氧化碳1.5吨/年；冬季烧本地柴煤约4吨，与传统用能消费方式相比，可减排二氧化碳约1吨/年、二氧化硫约0.05吨/年，处理秸秆、农牧废弃物约8吨/年，平均每年每户节省采暖开支约2 000元。

4.5.3.4 山西太原某中学“兰炭+专用采暖炉”项目

山西太原某中学供暖面积2.8万平方米，原有供暖模式每平方米供暖价格为31元，取暖季花费约90万元，采用2吨兰炭专用锅炉供暖，每个采暖季使用兰炭120吨，燃料及运营费用20万左右，与集中供暖相比，不仅当年收回了设备投资，还节约40余万元，节能减排效果显著。

4.6 分布式可再生能源发电技术与模式

4.6.1 风能利用技术

风能利用，尤其是小型风力发电机，已被广泛用于多风的沿海地区和农村地区，发电成本比小型内燃机的发电成本低很多，风力发电是风能最主要的利用形式，也是农村清洁能源技术中较成熟、具有规模开发和商业化发展前景的主要技术之一，风能的开发可以作为补充能源进行应用，还可以并网发电，是未来能源结构的基础之一。同时不排放任何温室气体，对环境保护起到不可忽视的积极作用。

目前，我国陆地50米以上高度层年平均功率密度大于300瓦/平方米的风能资源技术开发量约73亿千瓦，但风能资源具有较强的区域性，主要分布于我国东北、内蒙古、华北北部和西北地区，2015年我国风电新增装机容量达3 050万千瓦，累计装机容量达到了1.45亿千瓦，并网容量近1亿千瓦，到2030年，装机预计可达4.5亿千瓦。我国户用微型机组技术相当成熟，100～500瓦微型机组系列的定型和批量生产，产品质量好，不但可以满足国内需求，还远销国际市场，在大型风电机组方面也实现了兆瓦级的飞跃。

风力发电系统主要包括风力机、发电系统、传动链、偏航系统、控制系统、液压系统等。根据现行风能技术，每秒3米的微风速度便可以利用进行发电，技术条件完备，投资成本与产出比较高。风电技术主要可分为离网和并网发电两种，近年来，风电机组的单机容量不断增大，随着风电技术进步和应用规模的扩大，风电成本也持续下降，其经济性与常规能源较为接近。其中离网发电适合边远地区、区域用能较少的用户或设施的生活、生产用电，我国如今200瓦以上的机型占离网风机年产量的80%以上，技术十分成熟。全国从事相关风电业务的企业和研究开发机构近100家，年产中小型风力发电机组6万台以上，出口2万台以上，出口机组容量达2.2万千瓦以上，出口机型品种也十分丰富。

我国农村地区风能利用主要集中在西北地区，该地区风能密度达200～300瓦/平方米，有效风力出现时间为70%左右，人口密度相对较少，经济发展和城镇化进程相比于其他省发展较为缓慢，是国家扶贫的重点区域，农村地区对清洁能源的供应需求更为迫切，具备发展风能的基础条件，适宜因地制宜、分散式的风能开发利用。

随着广大农村居民生活水平的提高和更多家用电器的应用，用电量不断增加，同时由于电力紧缺，小型风力发电机组的应用推广速度也加快，产量不断上升，产品升级换代速度加快。一是风力发电机组单机功率由小变大，300瓦、500瓦和1 000瓦以上的机组产量在逐年增加；二是由一机一户，推广到多机联网供电，离网型风机的使用形式正在由单机发电、供电向多机联网组成区域供电网转变；三是由单一风力发电机组供电发展到多能互补，即“风—光”互补，“风—光—柴”互补，“风—柴”互补等。2002年国家启动的送电到乡工程中，“风—光”互补系统发挥了一定的作用，近百个乡镇采用了风电和太阳能光伏发电互补的形式，解决了农村地区的供电问题。

分布式风力发电系统可运用在农村、牧区、山区，在发展中的大、中、小城市或商业区附近建造，解决用户用电需求。分布式风力发电具有以下优势特点：一是分布式风力发电系统中各电站相互独立，用户可以自行控制，不会发生大规模停电事故，安全可靠性高；二是环境适应性强，无论是高原、山地，还是边远地区，只要满足风能资源条件，便可正常运行，为用户终端供电；三是可以弥补农村地区电网安全稳定性的不足，实现储蓄供电，是集中供电方式不可缺少的重要补充；四是可对区域电力的质量和性能进行实施监控，减轻农村地区环保压力；五是输配电损耗低，甚至没有，无须建设配电站，可降低或避免附加的输配电成本，土建和安装成本较低；六是调峰性能好，操作简单，由于参与运行的系统少，启停快速，便于实现全自动化。

4.6.2 水能利用技术

水能利用发电的基本原理是利用水位落差，转化为水轮的动能，配合水轮发电机，带动发电机产生电能，水电工程一般包括引水建筑、泄洪建筑，以及发电设备等，水轮发电机可以分为反击式水轮机和冲击式水轮机。

水能作为可再生能源，随着水文循环周而复始，重复再生。我国水能资源蕴藏丰富，分布广泛，但多在偏远地区，电力传输距离较长，分布式水能发电技术，适合在水能丰富的农村地区推广发展，不需要远程输配，在运行中不消耗燃料，运行管理和发电成本较低，同时发电过程不发生化学变化，不排泄有害物质，对水体生态环境影响小。

4.6.3 太阳能光伏利用技术

太阳能光电利用技术（太阳能光伏技术），即利用材料的光伏效应，将太阳能直接转化为电能加以利用，主要产品有太阳能光伏发电、太阳能路灯、太阳能充电器等。近年来，光伏发电技术得到蓬勃发展，作为传统能源的替代品，相对于光热发电，其投资更低、占地面积小、发电效率高、发电成本低、技术较为成熟、使用生命周期长，在我国农村地区，发展潜力巨大。目前太阳能光伏发电技术以分布式光伏系统为主，在农户附近建设，运行方式为自发自用，其因地制宜、分散布局、就近利用的原则方式可充分利用区域太阳能资源。太阳能光伏发电系统主要是太阳能电池根据光伏发电效应把太阳辐射转化成电能的发电系统，太阳能光伏系统主要由太阳能电池板、太阳能控制器、蓄电池、逆转器组成。太阳能光伏发电按光伏电池类型划分主要为有晶硅光伏电池和薄膜光伏电池；按光伏电站厂址划分，则可分为屋顶光伏发电系统、地面光伏发电系统、山地光伏发电系统、农光互补和渔光互补光伏发电系统等类型。

分布式光伏发电系统主要由光伏组件、逆变器、汇流箱和升压系统等组成，在分布式能源多能互补、综合利用的背景下，分布式光伏发电可作为多能互补中的能源融入分布式能源站，利用分布式能源站中天然气发电的调峰作用，与分布式光伏发电系统耦合输出，在优先利用光伏发电的前提下，实现平稳输出，满足周边负荷。同时，分布式光伏发电系统，与集中式光伏系统相比较，单个项目容量可在2万千瓦以下，并网等级可在35千伏以下的电网，不需要远距离输送至负荷中心，实现自发自用、就地消纳为主，余电上网为辅的利用策略。

4.6.4 技术分析

我国广大农村地区可再生能源资源丰富，适宜发展分布式能源系统，设备具有单位投资低、运行成本低、效率高等特点，从不同规模的设备看，微型机组能效30%左右，而10兆瓦以下级的机组能效可达到35%左右，35万千瓦级的燃气轮机发电机组能效可达约50%。

制冷机组、余热锅炉、蒸汽轮机等热电联产的关键设备大型机组的能源利用效率要比小机组高出很多。微、小型的项目投资5 000～6 000元/千瓦，而基于9E级燃气轮机发电机组的分布式能源项目（包含热水部分）投资共计为3 500元/千瓦，分布式能源的内部收益率可达到12%～15%，从而保证项目正常运转和保持一定的盈利水平。

分布式能源的系统优势更加突出地体现在集中供暖供冷的优势同冷热电三联供的优势叠加，大型分布式能源比中央空调总投资略低或相仿，能效却高12%，运行成本也低，分布式能源系统在白天网电的峰段和平段，可用分布式能源的成本价电制冷，夜间则可用网上的低谷价电制冷。以广州为例，自2012年广州市的居民电价第一档为0.61元/千瓦时、工业用电为0.8元/千瓦时、商业用电为1.03元/千瓦时，而在正常的天然气市场价格下，分布式能源项目的发电成本约为0.6元/千瓦时。以成本电价向工业、商业用户供冷，显然比用网电更经济。

4.6.5 案例分析

4.6.5.1 龙羊峡“水光互补”可再生能源发电项目

青海龙羊峡水光互补发电项目，安装配备4台单机容量为320兆瓦的水轮发电机组，以及850兆瓦的太阳能光伏发电机组，总装机容量达2 130兆瓦，通过水轮机组的快速调节，当太阳光照强时，采用光伏发电，水力停用或少发电，当天气变化或夜晚时，通过电网调度系统，自动调节水力发电，将原本不稳定的锯齿形光伏电源，调整为均衡、优质、安全的平滑稳定电源。

通过项目实施，从电源端解决了光伏发电稳定性差的问题，减少电网为吸纳新能源电量所需的旋转备用容量，可满足15万～20万户家庭用电需求，年可减少二氧化碳排放158万吨，使当地植被覆盖率达到80%。

4.6.5.2 张家口张北风光热储输多能互补集成优化项目

张家口张北地区风能资源丰富，日照充足，适合建设大型风电场及光伏电站。利用风光互补特性，并通过智能策略对风、光进行协调控制，大幅提高电力输出的平稳性及电源的可调度性，实现智能电网对新能源集约化发展，并提高电网对大规模新能源的接纳能量。项目建设内容分为光伏发电、风力发电、光热发电和储能，实现多能互补，满足数据中心负荷需求，实现就地消纳，多余电量外送，该项目总装机容量达到450兆瓦，非化石能源占比达到99%以上，总投资43.5万元。

该项目光伏发电总容量为250兆瓦，以常规地面集中式光伏为主，充分利用滩涂等未利用土地资源，配合农光互补、牧光互补等多种光伏产业形式，达到节约用地、降低投资与发展绿色能源的目的，使经济效益和社会效益最大化。风力发电总容量为150兆瓦，布置安装2 500千瓦机型60台，项目运行上网年发电量约为45 000万千瓦时。光热发电采用槽式聚光太阳能发电技术，总容量为50兆瓦，厂区共150个回路。储能部分设置为1座容量25兆瓦的储能电站，由储能电池、变流器及升压变压器组成，在充电时，将电能从交流变成直流储存在储能装置中，在放电时再变为交流电，储能电站通过35千伏线路接入上一级升压站35千伏侧。

4.6.5.3 吉林省双辽市永加乡永加村户用太阳能分布式扶贫光伏发电技术模式

该项目建设在双辽市永加乡永加村，总投资252.720万元，总装机量561.6千瓦。工程采用户用分布式光伏电站模式，集中并网管理。每年可为电网提供电量79.75万千瓦时，与同容量燃煤发电厂相比，每年可节约标准煤约283吨，相应可减排燃煤所产生的SO_2约7吨，减排NO_x约3.36吨，减排温室效应气体CO_2约636吨。本项目建成后产生了明显的社会效益。通过对项目的投入，不断改善农村环境和生产条件，提高贫困农民收入，提高人们的生活水平，同时还能向国家电网提供大量绿色可再生电能。此项目是一个可以增加农民脱贫、繁荣农村、绿色发电等集多种优势于一体的好项目。

4.7 “煤改电”的热泵利用技术与模式

4.7.1 技术模式内容及特点

农村电采暖方式主要有直热式、蓄热式和热泵3类。直热式包括电热膜、低温发热电缆、碳晶电热板、直热式电锅炉等，将电能直接转化为热能，消耗1千瓦时电能最多可转化为1千瓦时热能，采用这些设备采暖，电力容量大，耗电多，运行费用高。而采用蓄热式采暖设备，可利用晚上谷电运行，并将电能转化为热能储存起来供白天使用。

当前，热泵类技术主要包括空气源热泵、地源热泵和水源热泵等。空气源热泵、地源热泵能够从空气或土壤中吸收部分热能，耗费1千瓦时电能可制取2千瓦时以上的热能，从而降低采暖运行费用。因此，空气源热泵、地源热泵逐步成为农村电采暖，尤其是“煤改电”项目主要采用的设备方案。热泵技术利用干净、快捷、操作简单，有利于改善农村地区因冬季取暖造成的环境污染问题。在非严寒地区，空气源热泵能效较高，运行费用仅为散煤的1～2倍，比其他电取暖技术运行费用低，但设备投资偏高。近年来，在北方地区煤改电技术应用过程中，空气源热泵技术模式得到了普遍的推广及认可。以北京市为例，2016年“煤改电”工程中，使用地源热泵的农户2 139户，使用蓄热式电暖器农户4.43万户，而使用空气源热泵的农户共15.1万户，占总改电户数的76.28%。目前，北京市使用空气源热泵技术模式的农户累计已达70余万户。

空气源热泵是一种利用高位能使热量从低位热源空气流向高位热源的节能装置。该技术装备应用相对灵活简便，可用于分散式住宅或多层建筑的采暖供热，还可结合多种室内末端取暖方式。针对农村分散建筑，集中供暖设施基础较差的地区，可采用“空气源热泵+散热器”“空气源热泵+地暖”等利用方式，通过适宜的热泵设备选配，对热泵出水温度进行设置，出水温度最高可达50℃，夏季可设置为10℃左右，从而达到冬季采暖和夏季制冷的室温要求。针对农村连栋多层住宅，可采用“空气源热泵+太阳能”“空气源热泵+生物质锅炉”等技术模式，发挥双热源、双末端的采暖系统优势，在充分利用太阳能或生物质能的基础上，通过空气源热泵技术解决供暖季太阳能或锅炉供热可能出现的间歇性问题与夏季室内制冷问题，冬季室内温度可达到20℃左右。

4.7.2 技术分析

该技术模式适用于非严寒的农村地区，但由于受电网改造投资成本较高、工期较长等因素制约，可优先在国家政策目标区域选择网架结构条件较好、房屋保温较好、用户承受能力较强的农村地区进行推广。首先，与传统的散煤采暖方式相比，热泵技术可以用于冬季采暖及夏季制冷，尽管安装较为复杂，但安全性高，使用寿命长，温度可自由调控，操作简单，加热效果好（表4-3）。

表4-3 部分电采暖技术模式比较

评价指标	散煤采暖	电热膜	蓄热式电暖器	空气源热泵
安装难易	专业人员安装	专业人员安装	无需安装，即买即用	专业人员安装
安装工期	2天	1天	无安装工期	工期较短
加热效果	升温慢	即开即热，升温快	即开即热，升温快	1～2小时，升温快
温度控制	不可控	自由控制	自由控制	自由控制
能效指标	低	高	高	高
使用寿命	10年	30年以上	10年	30年

在投资运行成本方面，空气源热泵及地源热泵技术需要外电电网及村内电网的投资，但综合考虑政府补贴政策的支持，与其他采暖技术模式相比，热泵技术总体投资情况及农户分摊成本更具经济优势，能效比可达到2.0～3.5，在同等采暖供热条件下，空气源热泵及地源热泵用电成本比蓄热式电暖器用电成本节约3.5～6.0倍。如蓄热式电暖器，若达到同等供热效果，每户需增加电力容量约9千瓦，相应地，外线电网部分每平方米建筑面积电力扩容费多30元左右，按35户一台变压器配置，平均每台变压器投资建设总费用约66.5万元，折合每户投资约2万元，比热泵技术模式多5 000元。改造后年采暖费用，估算整个供暖季每平方米用电量为191.5千瓦时，120平方米供暖面

积年用电量22 980千瓦时，谷电占比56.9%，年用电费用为8 755元。

4.7.3 案例分析

以北京市周边农村地区推广统计情况为例，根据分户式空气源热泵、地源热泵技术利用，结合区域供暖系统数据（表4-4），工程投资建设内容主要包括外线电网、村内电网及户内部分。其中，针对外线电网改造部分，通常采用空气源热泵、地源热泵用户每户需增加电力容量约4千瓦，每平方米建筑面积电力扩容费约50元；村内电网部分，地源热泵和空气源热泵煤改电改造，一般每70户使用1台变压器，每台变压器配容量为100千乏（kvar）的并联电容器，负荷率75.7%，变压器安装于负荷中心位置，平均每台变压器投资建设总费用约100万元，折合每户投资1.5万元；户内部分，配置地源热泵机组及室外埋地管道各1套，装备价格约2.3万元，采暖末端利用原有采暖热水系统和设备，加上安装费、地源井管铺设、配电箱安装等费用，单户户内投资总计约4.73万元。若配置空气源热泵机组，单体设备2.98万元，采暖末端利用原有采暖热水系统和设备，单户户内投资总计4.3万元。此外，技术改造后，采暖地源热泵技术按照确定的用电指标计算，120平方米供暖面积年用电量3 600千瓦时，谷电占比43.4%，年用电费用为1 467元。采用空气源热泵技术，估算整个供暖季每平方米平均耗电量52.8千瓦时，120平方米供暖面积用电量6 336千瓦时，谷电占比45.4%，电费为2 557元，成本节支效益明显。

表4-4 北京市农村地区热泵技术设备方案系统数据

供热方案	技术参数	典型日室内平均温度（℃）	取暖季用电量（千瓦时/平方米）	谷电用量（千瓦时/平方米）	谷电占比（%）
地源热泵	COP平均值3.24	21.1	30.0	13.0	43.4
空气源热泵	COP平均值2.24	19.1	52.8	24.0	45.4

4.8 “煤改气”技术与模式

4.8.1 技术模式内容及特点

农村“煤改气”技术就是以天然气替代煤炭，用作户用炊事用能或通过燃气壁挂炉取暖，从而满足广大农村居民使用清洁能源的诉求。通过“煤改气”，利用天然气提供农村用能，最终只产生二氧化碳和水，只有在不完全燃烧时会有少量的一氧化碳及氮氧化物产生，污染物排放少，对大气环境影响较小。根据气源不同，农村“煤改气”技术方案主要分为管道气、压缩天然气（CNG）和液化天然气（LNG）3种。“煤改气”建设内容主要包括气源管线及设施、村内管线和户内管线3部分。其中，气源管线及设施部分包括气源管线、压缩天然气（CNG）场站或液化天然气（LNG）场站和调压箱；村内管线部分含调压箱出口低压管线、埋地管线、架空管线和燃气表；户内管线部分含燃气表出口管线、庭院架空或埋地管线和用气灶具。上游气源天然气经过调压箱降至低压，通过村内低压输配管网供至各个农户室外安装的燃气表，经计量后供户内燃气灶和壁挂炉使用。

农村“煤改气”技术具有以下特点：一是效率高、能耗低，方便、干净；二是技术设备相对成熟、操作简单、故障率低；三是与“煤改电”技术相比，兼顾了炊事和取暖用能，解决了“两把火”问题，更具有现实的推广意义；四是基础设施建设及取暖设备投资较高。

近年来，为切实改善大气环境污染及能源消费结构，我国加速“煤改气”进程，在部分地区建设“散煤禁燃区”，并落地实施了扩大天然气进口等重要举措，推进天然气新能源的普及应用，保障能源结构调整顺利进行，降低煤炭消费比重。天然气的使用与我国民众生活习惯更加匹配，除满足农村的采暖、生活热水等主要用能需求外，还符合中国人传统的炊事用能习惯。

以煤改气为主的清洁能源供应模式，是燃气行业的细分市场之一，涉及政府环保政策，能源价格的波动。在农村地区推进实施“煤改气”供应模式，需根据农户需要、应用特点，选择开发利用方向和发展策略，由燃气公司提供气源，供应燃气并收取燃气费用。针对农村分散居住农户冬季采暖需求，采用燃气壁挂炉技术设施，并根据用能需要进行分区域、分时段供应，配合散热片或地热管等配属设施，为农户提供采暖用能及生活热水；针对超200平方米以上农村的公共建筑设施，采用燃气直燃机或燃气热泵空调技术，以天然气及液化石油气等燃料为能源，为设施提供制冷、制热、卫生热水等三位一体的燃气空调系统。

基于燃气供应方式，根据气源站工艺流程、布局和设施不同，农村煤改气技术模式可分为以下3种：一是管道气供气。上游中压（部分为次高压）管道气到达村庄边界后，经调压箱降至低压计量后输送到村内管网。站内主要设备为中低压调压箱。二是CNG供气。系统主要由CNG运输槽车和农村输配管网组成。压缩至20兆帕的高压气充装到运输槽车，槽车转运至CNG供气站，经过加热、调压、计量、加臭等工序后，将天然气输送至用户。三是LNG供气。LNG供应站主要设备包括低温储罐或瓶组、空温/水浴式气化器、计量调压撬等，还包括LNG槽车或瓶组储运车辆设备。LNG由槽车经公路运输至农村LNG供应站，通过卸车增压器的空温换热增压进入低温储罐，当有用气需求时，将液相天然气转变为气相天然气通过管网送至农村用户。根据LNG供应站储罐的形式不同，LNG供应站可分为LNG气化站和LNG瓶组气化站，前者用于供气规模较大的农村，后者常用于供气规模较小的农村或独立用户。

4.8.2 技术分析

该技术模式适宜在生物质、太阳能等清洁能源资源较匮乏，但经济条件相对较好，能够保障燃气供应的农村地区推广利用，尤其在“散煤禁燃区”或环境承载压力大的农村地区，可着力推广。一是天然气可一次满足农村生活、炊事和清洁供暖等多种需求，符合农村能源消费结构升级趋势，用能方式与城区居民用能方式一致，使用方便，舒适度较高。二是污染物排放少，绿色环保。从全生命周期看，天然气燃烧后仅排放二氧化碳和少量的氮氧化物，没有硫化物、颗粒物等污染物。三是天然气利用综合能效高，例如天然气壁挂炉的冬季综合能效可达到90%以上，不受外部气温影响，供暖效果好。

近年来，各地区燃气新增负荷相对较小，上游的供应能力尚能够保障农村煤改气实施后农户用气需求。“煤改气”采暖技术模式，初始投资普遍较高，通常管道天然气分户采暖方案投资较低，LNG分户采暖方案次之，CNG分户采暖方案最高。在户内投资方面，每户取暖设备费用投入一般在0.6万～1.0万元，主要用于设备购置，后期运行费用主要是燃气费，能源消费通过政府相关补贴，每个采暖期3 000元左右，且无维护费用。另外，从我国发电构成来看，2018年我国的火力发电总量仍占全国发电总量的73.23%，具有绝对的主导地位，因此，“煤改电”的电力多来源于火电，从长远来看“煤改气”模式技术经济性和环保性要略优于“煤改电”技术模式。

4.8.3 案例分析

根据北京市煤改气工程投资估算，通常村内管线投入约1.1万元/户，户内管线投入约1.5万元/户。在气源管线及设施部分，管道气模式投入，主要取决于气源管线的设施基础情况或管线铺设的远近，一般情况下，该模式工程投入约1.16万元/户；CNG模式主要为气体压缩后槽车转运，工程投入相对较小，约0.8万元/户；LNG气源投入则主要取决于LNG供应站的形式及规模，采用气化站方式，工程会随着供气规模的增加，提高相关设备、土建及消防安全设施的投入，该模式投入约为1.64万元/户。

农户用气成本方面，一般北京供暖季单位面积年耗气量为9.9～10.8立方米/平方米，按照每户120平方米供暖面积计算，供暖季用气量为1 188～1 296立方米。用气价格对于管道气气源供应模式，执行统一居民价格；CNG供应模式压缩天然气出站价格2.46元/立方米，配送成本0.5元，管理成本0.2元，燃气销售价约为3.16元/立方米；LNG供应模式，采购价格为2.5元/立方米，配送成本约0.5元，管理成本0.66元，燃气销售价格约3.66元/立方米，若供气规模较大，通过成本节支，燃气销售价格约3.6元/立方米。用气成本LNG供应模式价格最高，其次为CNG模式，管道气用气成本价格最低，通过政府价格补贴，3种燃气供应模式农户用气承担费用基本持平。

4.9 农村建筑节能技术与模式

4.9.1 技术模式内容及特点

农村建筑节能主要包括围护结构保温隔热和建筑布局节能两个方面。围护结构保温隔热主要是对围护结构（外墙、门窗、屋面、地面）采取适当的保温隔热措施达到节能的目的，围护结构的热工性能应达到当地建筑节能相关规范规定的限值要求，同时应根据不同气候分区、资源条件、农户的生活习惯及经济条件等因素确定围护结构的构造形式。建筑布局节能重点是合理选择结构形式、建筑材料及设备，达到国家相关规范规定的结构安全、经济适用、通风、采光和日照等各方面要求。

农村建筑节能技术具有以下特点：一是遵循节能、节地、节水、节材要求，推广应用节水设备、节能灯具；二是适用、经济、安全、美观，住房体型简单、规整，平、立面不应出现过多的局部凹凸部位；三是尊重村民的生产方式和生活习惯，满足村民的生产生活需要，同时注重加强引导卫生、科学、舒适的生活方式；四是分区明确，实现寝居分离和净污分离，应保证不少于两间卧室朝南，厨房及卫生间应有直接采光、自然通风；五是适合农村特点，体现地方特色，并与周边环境相协调。

建筑用能关系到国家能源安全，社会稳定和经济的可持续发展。我国建筑节能技术发展，需要从我国建筑用能特点出发，结合我国城镇化发展背景，从实际用能出发，通过房屋改造，加强保温和气密，从而减少采暖所需热量，实现建筑节能。目前，我国建筑能源消耗约7.5亿吨标准煤，农村住宅耗能碳排放量约13亿吨，建筑用能一直维持在社会总能耗的20%～25%。北京、河北、辽宁等地近年来已逐步开展建筑节能技术的推广，建筑热损失可降至15%以下，建筑能耗可降至53千瓦时/平方米。

4.9.1.1 新型保温建筑节能技术模式

该技术模式采用新型建材、新型保温材料对维护结构进行保温的技术。新型保温砌块墙体，通过优化原材料及配比，减小砌块壁厚，增大保温材料层厚度，选择导热系数低、自重轻和吸水率低的保温材料进行内部填充，提高保温效果。

4.9.1.2 一体化墙体结构保温技术模式

该技术是通过模网灌浆的方式，利用膨胀聚苯板作为保温层的结构保温一体化墙体。墙体由有筋金属扩张网和金属龙骨构成墙体结构，采用模网灌浆工艺及岩棉板等材料，从而避免墙体热桥，具有强度高、抗震性能好、轻质、施工快的特点。

4.9.1.3 被动式太阳能集热蓄热墙技术模式

针对农村单体住宅，通过被动式太阳能技术，建筑维护结构本身完成吸热、蓄热和放热的过程。作为新型太阳能集热蓄热墙技术，可采用新型百叶集热墙的结构，百叶帘由3毫米普通白色玻璃盖板、105毫米厚空气夹层、铝合金百叶帘和实心砖墙组成，利用太阳能实现建筑采暖和墙体遮阳。此外，还可以利用新型集热墙技术，利用采暖、蓄热和新风模块，白天太阳辐射较强时，开启通风器，室外新风进入新风模块，再经过采暖模块预热后通过送风口送入室内，同时开启蓄热模块风机，间层空气通过回风口进入蓄热模块，加热后送回屋顶蓄热层内。

4.9.1.4 建筑节能保温措施技术模式

建筑节能技术中，门、窗等的材料特性和断面形式是影响建筑保温性能的重要因素，尤其在北方地区，应选择适宜的门、窗保温措施，提升建筑节能效果。一是采用PVC塑料窗和玻璃纤维增强塑料窗，降低冬季热损失，并采用平开窗的形式，在窗缝上贴密封条，提升门、窗气密性；二是采用保温窗帘，降低换气次数，降低采暖负荷；三是可采用双层窗，在东北严寒地区，可选择三层玻璃窗，利用窗与窗之间形成的空气层，提升保温效果；四是增加设置门斗，从而起到挡风、挡雨作用，还可有效减少室内由于人员进出造成的冷风渗透。

4.9.2 技术分析

围护结构平均换热系数由外墙保温状况、外窗结构与材料及窗墙面积比决定，当门窗换气次数由0.5次/小时增至1.5次/小时时，住宅能耗需热量将增加0.15～0.2吉焦/平方米。采用建筑节能技术，农村住宅围护传热系数可达0.4瓦/（平方米·度）以下，门、窗换气次数可达到0.5次/小时以下（表4-5）。

表4-5 建筑围护与门窗质量传热系数对比

建筑类型	传热系数 瓦/（平方米·度）	门、窗结构	换气次数 （次/小时）
传统砖混结构	1～1.5	外窗质量不高， 房间密闭性不好	1～1.5
100毫米混凝土板和单层钢窗	2	建筑节能新型门、 窗	0.5以下
现代城镇住宅	0.7～1.2		
新型建筑节能技术	0.4		

农村建筑节能技术适合于广大农村，尤其是在我国华北、西北、东北等需要冬季采暖的严寒和寒冷地区，通过建筑节能技术推广应用，有效提高能源利用效率，提升农民生活质量。我国北方地区建筑冬季采暖平均需热量为0.33吉焦/（平方米·年），按照北方地区50%节能标准的建筑，室内平均升高1℃需热量将增加5%～6.5%。由此可见，居民住宅围护结构保温是节能潜力最大的一种技术，也是实现其他采暖技术节能并降低实际运行成本的基础。我国北方地区现有约32万个村镇，若按50%住宅进行建筑节能技术推广应用，每年可节省燃煤5 000余万吨，减排二氧化碳超2亿吨，可占全国建筑用能碳排放总量的10%左右。

从投资需求来看，建筑节能技术推广一次性投资额高，一般农户资金分摊很难承受，需要依靠政府投资或给予部分补贴。可根据建筑节能建设或改造达标农户，给予改造成本50%的补贴。例如，按照8 000元左右改造费用，农户可获得约4 000元补助，北方地区农村总补贴额将达3 000多亿元，可实现节能4 000余万标准煤，减排二氧化碳约1.6亿吨。

4.9.3 案例分析

4.9.3.1 北京市房山区二合庄新型建筑节能技术模式

北京市房山区二合庄村总人口465人，共198户，农户住宅多为砖混结构，围护结构热工性能较差，墙体平均厚度约37厘米，门窗多以单层玻璃木窗为主，户均年生活能源消耗量为2.7吨标准煤，其中商品能源消耗占总能耗的99%，冬季采暖能耗占生活能耗的60%以上。

通过建筑节能技术推广，建设或改造内容包括地面的辐射采暖；窗户由单层玻璃木窗改为双层玻璃钢窗，外加阳光间；屋顶采用120毫米聚苯板吊顶保温、陶粒混凝土屋顶、膨胀珍珠岩保温屋顶；墙体采用90毫米聚苯板外保温、聚苯板内保温、聚苯颗粒保温砂浆内保温、相变蓄热保温材料；最后针对采暖设备进行改造，采用热风型低温空气源热泵作为采暖替代设备。

改造完成后，墙体和屋顶传热系数分别下降了69%和37%，门、窗换气次数降低了50%左右，为0.5次/小时。采暖季平均室温提升4～7℃，燃煤消耗降低了27%～44%，建筑综合节能效率达到55%～70%，节能效果显著。

4.9.3.2 内蒙古被动式太阳能集热蓄热墙技术模式

该项目建设内容为每户建设100平方米被动式太阳房，安装一台16支管太阳能热水器，一铺4平方米的节能炕。太阳房采用被动式太阳能集热蓄热墙技术，外围护结构采用苯板保温，传热系数小于0.3瓦/（平方米·度）。利用屋顶太阳能热水器、被动式太阳房窗间集热器吸收太阳能热量加热集热器内的空气，集热器内加热的空气由集热器和室内的下空气对流口传入室内，室内的冷空气从上对流口传入集热器，循环加热室内温度，得到采暖的效果，夜间和阴雨天由节能炕和太阳房窗下储热器供热，窗下储热器晴天吸收太阳辐射能，夜间及阴雨天由墙体散热到室内。项目建成后，太阳能热水器、被动式太阳房和节能炕结合，使室内保持适宜的温度，达到冬季农户采暖的需求，用户冬季房内温度可保持在14～18℃。

农村能源零碳技术发展建议和展望

农村能源零碳技术与国家的交通、电力、建筑、工农业生产等领域的联系紧密，其实现的关键在于尽可能高效地利用清洁能源。自20世纪70年代的石油危机以来，各国就开始注重对太阳能、风能、核能、水电和生物质能等零碳能源的开发与利用。目前，欧美等发达国家在该方面的研发与利用方面占据领先地位，并掌控着关键技术。我国能源零碳技术的研发起步较晚，技术创新空间较大。因此，我国需要明确能源零碳技术对国家发展的战略意义，并确定重点研究的技术领域，从而在技术的突破和创新上争取抢占世界领先地位。从我国的发展现状来看，在电力生产、输送与存储方面，加大在电力生产、存储和传输等领域的投资和科技攻关，利用核裂变发电、核聚变发电、离岸风发电、地热发电、电池创新、抽水蓄能、热能存储、廉价氢气、碳捕获等实现“零碳”电力。在工农业生产方面，需要实现所有工艺的电气化并使用零碳电力或使用其他可再生清洁能源，利用碳捕获装置吸收剩余的排放。在水、路、空交通运输方面，大力发展绿色能源交通工具和智慧控制系统；在建筑和暖通方面，使用现有清洁能源或脱碳电能，发展相关零碳技术，从而更高效地利用能源。因此，短期内我国需要将煤炭、天然气、电能、太阳能等清洁能源技术及可再生能源技术的开发与应用工作放在重要位置。

当前，我国正在积极建设“一带一路”沿线国家的能源一体化市场，加强能源国际合作，提高安全保障能力，构筑能源合作伙伴，从而培育自由开放、竞争有序、稳定和谐的国际能源合作新格局。农村能源零碳技术的推广是构筑国际能源一体化市场的重要组成部分，所以，如何加快中国与“一带一路”沿线国家农村能源零碳技术发展，推动能源技术和能源企业“走出去”，确保推广合作稳定顺利实施显得尤为重要。因此，为促进我国的农村能源技术零碳转型与“一带一路”共建发展，需要做到以下几点。

5.1 注重顶层设计与规划引导

农村能源发展，应发挥我国规划体系制度优势，将农村能源纳入国家能源行业综合管理体系，提前谋划、统筹，系统性地指导农村能源发展，并制定相应的能源行动方案，加强组织管理，建立多部门相互协调的管理机制，因地制宜地推广各类高效、清洁、多能互补的农村零碳能源技术及实施方案。加强宏观指导，形成分工合理、密切配合、整体推进的工作格局。

加强目标导向，建立农村能源发展的顶层指标体系，增加体现农村绿色发展、秸秆综合利用、生物质资源化利用、清洁能源替代等有关指标考核内容，引导相关部门及地方政府努力改善农村能源发展面貌，克服农村能源消费分散、负荷密度低、环保压力大、基础设施落后等一系列难题。

5.2 注重财税政策与资金投入

政府的正确引导和鼓励是推动我国农村清洁能源发展的重要动力，因此政府要积极制定有利于促进农村能源发展的综合财政、税收、价格和信贷等经济优惠福利政策，逐步增加农村清洁能源补贴，并在探索商业模式基础上，形成稳定的农村能源建设资金渠道。首先，应把农村能源加快纳入经济建设计划和财政计划，增加农村能源建设投入，统筹各级扶贫资金用途，增加农村地区可再生能源技术推广资金，努力形成中央与地方协同的资金投入机制。鼓励企业与农村和农民形成有效的经济联合体，确保清洁能源的广泛推广和应用，在经济联合体形成后，进一步解决清洁能源分散和工业生产集中之间存在的矛盾和问题，推动农村清洁能源的产业化发展进程，促进农民增产增收，为新农村建设提供有效保障。例如，为了推广太阳能这一清洁能源，政府可以对太阳能下乡进行财政补贴和支持，从而提高太阳能的推广效果。国家也可以设立农村清洁能源发展的专项基金，对于清洁能源在农村的发展和推广给予政策上的支持和资金上的投入，同时也要根据农村清洁能源发展的现实状况扩大补贴范围，使得清洁能源的应用大普及和推广范围大大增强。

同时，建立支持农村可再生能源发展的财税优惠政策，对用户终端用能产品制定分配补贴制度，引导鼓励农民使用可再生能源产品，对农村能源设备指导和运营服务企业给予税收优惠，减少能源服务企业税负。积极实施政府和社会资本合作PPP等融资经营模式，将其引入适合的农村能源体系中，建立以政府为主导，引导企业、社会参与的资金投入机制。

5.3 增强农村能源零碳技术基础建设

零碳技术在我国农村的发展离不开完善基础设施的保障，因此必须将农村清洁能源基础建设作为推动我国农村清洁能源发展的重要措施，从而为生态环境提供保障，推动农村循环经济的发展。农村地区在推进新农村建设的过程中采用的是集中居住改造的方式，这样的形式能够有效改善农村的生活生产环境。为了推动清洁能源在农村的发展，需要借着新农村建设这股东风全面推进清洁能源基础设施建设，根据新农村建设的特点利用集中优势建设清洁能源工程，积极推广生态循环的能源应用模式，改变清洁能源利用分散性的问题，建设以生态循环为主的清洁能源循环发展模式，促进农村环境改善和能源利用的跨越式发展。

5.4 注重技术市场与体系建立

我国在农村能源服务方面仍然存在一定的缺陷，不同的地区在发展清洁能源的过程中采用的发展模式各不相同，即使是同一地区对于清洁能源的应用也存在着多种模式，这样的发展模式不利于清洁能源的推广和应用，同时在为农村新能源发展和应用提供服务时也增加了难度和影响范围，并对农村清洁能源服务体系的建立和完善产生一定影响。对此，农村能源生产和消费业态变革转型，需要建立现代化的能源供应体系，以城乡公共服务均等化为导向，结合城镇化进程和小城镇、新农村建设，加快向农村延伸现代能源供应网络和技术，建立产、储、用、管多环节相结合的发展模式，建立完善服务体系，包括对农村清洁能源的科学研究和开发、新能源利用技术的推广应用、农村新能源应用的社会化服务、清洁能源产业发展等，有效解决清洁能源应用服务范围狭窄的问题，进一步增强工作力度，完善能源设施维护和技术服务网络，加快提高向农户供应能源和提供社会普遍服务的能力，县级农村清洁能源办公室可根据清洁能源在农村发展的实际需求，建立与之配套的乡镇服务站，为广大农民群众以及农村建设提供完善的科研和技术服务，进一步完善和发展农村清洁能源服务体系，积极培育农村能源市场，满足日益增长的农村生活用能需求。同时，加快出台并完善可再生能源生产及装备制造等标准化体系，推进设备制造标准化、系列化和成套化，制定可再生能源的排放标准，加强监测认证体系建设，强化对工程与产品的质量监督。

根据不同地区及资源禀赋特点，统筹开发零碳能源技术，因地制宜地推广适合本地区的分布式能源技术及多能互补等农村能源创新应用模式，例如探索“互联网+”分布式能源模式创新，加强终端功能系统统筹规划和一体化建设，提高能源综合利用率，鼓励农村零碳能源新技术、新产品和新模式的示范试点，推进农村能源综合建设。

5.5 注重意识提升与人才培养

在对农村的零碳能源进行有效开发和利用方面，必须要积极协调农村经济发展和资源环境保护之间的关系，还要协调清洁能源开发推广以及推进农村生态环境保护和建设之间的关系，从而促进农村经济的可持续性发展。在推进我国农村能源零碳技术的发展过程中，由于农村群众缺乏对清洁能源建设的正确认识，且在应用技能的掌握方面存在一定的不足，从而影响了我国农村清洁能源的开发和推广使用。为了确保零碳技术在我国农村的全面推广和应用，必须提高农村群众的认识程度，了解零碳技术的现实意义，这就需要加强农村的宣传教育工作，并展开以农村零碳能源开发和推广应用为主题的教育培训工作，形成政府引导、农民深度参与、社会广泛关注的农村能源建设的氛围，使得这些信息能够深入广大农村以及农民当中。进一步强化媒体的宣传作用，充分利用网络、电视、纸媒等宣传媒介，采取多形式宣传，提高农民节能环保意识，鼓励人们接受零碳能源技术的应用。注重专业化经营和服务组织的培育，鼓励各类投资主体、农村集体经济组织和农民投资经营农村能源建设项目，开拓农村能源市场。

此外，要提高农村能源建设队伍的人员素质和技术水平，加大对技术培训机构等的支持力度，将农村能源人才培养纳入国家基础教育和技能教育培训计划。在全国范围内可以组织开展不同形式、层次和内容的技术培训，加快专业技术人才培养，为推进农村可再生能源技术发展打下坚实的人力资源基础，使得专业技术人才能够快速在农村发展并为农村经济建设作出贡献。同时，建立人才队伍管理秩序，以及职业技能鉴定机制，确保高素质农村能源建设队伍，保证农村能源建设项目的质量水平。

在全面推进城市化建设的进程中，新农村建设正在逐步推进，并且为农村建设带来了翻天覆地的变化，同时也为解决城市和农村在清洁能源零碳技术发展中不均衡问题和促进清洁能源在农村生产生活中的应用提供了良好的契机。因此，必须积极推进零碳技术在我国农村的发展，增强对资源的循环利用，进一步改善和治理农村污染，为新农村建设以及国家发展提供保障。

参考文献

艾比布拉，阿布都沙拉木，李姝睿，2015.“一带一路”：中国经济发展新引擎[EB/OL]. http：//roll. sohu. com/20150615/n415015187. shtml.

柴麒敏，徐华清，2020-10-26. 加快科技创新，推动我国碳中和国家建设[N]. 科技日报（03）.

柴树松，2008. 风能、太阳能储能用铅蓄电池的开发前景[J]. 电池工业，13（4）：258-261.

陈冠益，夏宗鹏，颜蓓蓓，等，2014. 农村生物质气化供热技术经济性分析[J]. 可再生能源，32（9）：1395-1399.

陈劼，2016. 农村能源建设与农村经济发展的关系探究[J]. 生物技术世界（3）：69.

陈坤，李建忠，张佳，2019. 农村可再生能源发展利用现状与对策[J]. 农业工程，9（9）：67-69.

陈利洪，2015. 中国生物质废弃物资源空间分布及其燃气潜力[M]. 北京：中国农业出版社.

陈望祥，2004. 我国农村能源发展前瞻[J]. 中国电力企业管理（10）：56-57.

陈文玲，2017.“一带一路”将如何重塑全球新经济[J]. 党政干部参考（11）：36-37.

陈晓，车治辂，2018.“一带一路”倡议下中国与沿线国家新能源合作的基础、模式与机制[J]. 新疆大学学报（哲学·人文社会科学版），46（5）：9-15.

陈昱，2018. 能源公用事业立法问题研究[D]. 北京：华北电力大学.

陈竹，周凯，2011. 复旦研究生发布中国食品安全报告[J]. 中学生阅读（中考版）（8）：44.

程胜，2009. 中国农村能源消费及能源政策研究[D]. 武汉：华中农业大学.

初玉松，王小菁，王晓梅，2016. 秸秆固化成型燃料技术的探索与应用[J]. 农业开发与装备（6）：94.

丛宏斌，赵立欣，王久臣，等，2017. 中国农村能源生产消费现状与发展需求分析[J]. 农业工程学报，33（17）：224-231.

崔小西，2006. 俄罗斯能源出口的现状与发展前景[J]. 黑龙江对外经贸（4）：40-41.

董朝阳，台保超，2018. 浅析农村可再生能源发展利用问题与解决措施[J]. 农村实用技术，203（10）：61-62.

董得忠，2018. 关于农村可再生能源发展利用的现实意义分析与对策探讨[J]. 新农村（黑龙江）（35）：64.

董魏魏，王铁岗，2012. 低碳经济背景下农村能源消费方式现状调查——以湖南省怀化市溆浦县为例[C]. 第五届湖湘三农论坛论文集：333-339.

窦荣鹏，2019. 新农村环保能源工作现状及改进措施[J]. 节能（6）：170-171.

杜涛，2011. 我国发展低碳农村存在的问题、原因与对策探讨[D]. 呼和浩特：内蒙古财经学院.

杜祥琬，刘晓龙，黄群星，2019. 中国农村能源革命与分布式低碳能源发展战略研究[M]. 北京：科学出版社.

杜晓林，冯相昭，王敏，等，2018. 京津冀地区散煤综合治理成本效益分析[J]. 环境与可持续发展，43（6）：135-141.

樊静丽，廖华，梁巧梅，等，2010. 我国居民生活用能特征研究[J]. 中国能源，32（8）：33-36.

冯文生，李晓，康新凯，等，2010. 中国生物燃料乙醇产业发展现状、存在问题及政策建议[J]. 现代化工，30（4）：8-12.

高新宇，2011. 北京市可再生能源综合规划模型与政策研究[D]. 北京：北京工业大学.

高渊博，杨紫娟，张洁明，等，2016. 空气源热泵技术研究现状及发展[J]. 区域供热（4）：101-104.

谷树忠，谢美娥，张新华，2016. 绿色转型发展[M]. 杭州：浙江大学出版社.

关建国，2002. 从欧洲灶具现状看中国灶具发展方向[J]. 电器制造商（7）：26-27.

郭丹，2016. 光伏发电现状及其环境效应分析[D]. 北京：华北电力大学.
郭威炯，黄必鹤，张继皇，2019. 河北农村地区清洁取暖“煤改电”技术可行性试验分析[J]. 电力需求侧管理，21（2）：46-50.
何林，2018. 北京地区农村能源应用比较研究[D]. 北京：北京建筑大学.
贺雅琴，2015. 论全球视野下的“一带一路”战略[J]. 山西大同大学学报（社会科学版），29（6）：12-14，17.
洪绂曾，2008. 发展农村能源促进农村经济社会可持续发展[C]. 2008中国可持续发展论坛论文集：5.
侯红岩，2007. 上海典型村镇用能现状分析及供能方案研究[D]. 上海：上海同济大学.
胡姗，2016. 中国建筑节能最佳实践案例[M]. 北京：中国建筑工业出版社.
胡应得. 可再生能源与农村可持续发展[D]. 杭州：浙江工业大学.
黄艳宇，2019. 农村可再生能源开发利用模式探索[J]. 农民致富之友（13）：232.
贾敬敦，马隆龙，蒋丹平，等，2014. 生物质能源产业科技创新发展战略[M]. 北京：化学工业出版社.
贾敬敦，孙康泰，蒋大华，等，2014. 我国生物质能源产业科技创新发展对策研究[J]. 中国农业科技导报，16（1）：1-6.
寇建平，赵立欣，田宜水，等，2008. 中国农村可再生能源发展现状与趋势[C]. 2008中国农村生物质能源国际研讨会暨东盟与中日韩生物质能源论坛论文集：10.
兰忠成，2015. 中国风能资源的地理分布及风电开发利用初步评价[D]. 兰州：兰州大学.
雷小苗，何继江，杨守斌，等，2020. 能源转型视域下“零碳乡村”的可行性和环保性——以陕西关中C县F村为例[J]. 北京理工大学学报（社会科学版），22（5）：32-41.
李代广，2009. 风与风能[M]. 北京：化学工业出版社.
李德孚，2006. 中国户用微水电行业发展与建议[J]. 中国农村水电及电气化（6）：59-61.
李娣，何少华，王莹，2019. 论“一带一路”倡议对国家能源安全的保障作用[J]. 新西部（10）：50-51.

李风琦，孙凤英，曹建华，2016. 城镇化影响农村生活能源消费的机制——基于中国1997—2012年省级面板数据的实证分析[J]. 系统工程（12）：74-79.

李国柱，安红梅，吕南诺，等，2013. 吉林省农村生活能源消费结构分析[J]. 湖北农业科学，52（5）：1164-1167.

李海英，王东胜，廖文根，2010. 微水电发展综述[J]. 中国水能及电气化（6）：13-23.

李建华，2013. 桃源县农村可再生能源开发利用现状、发展趋势与对策[J]. 农业工程技术：新能源产业（10）：6-8.

李静，2009. 改革开放三十年来我国生产方式理论研究的主要进展[D]. 郑州：河南大学.

李军，2016. 气候变化影响人类健康[J]. 中华环境（1）：37-39.

李俊峰，刘强，李高，2015-6-5. 我国低碳能源发展思考[N]. 光明日报（010）.

李萌，2017. 京津冀农村清洁能源供热采暖成本降低路径研究[J]. 城市（3）：70-77.

李楠，2015. 中国农业能源消费及温室气体排放研究[D]. 大连：大连理工大学.

李宁，2015. 广义空气源热泵在中国的适用性研究[D]. 北京：清华大学.

李素花，代宝民，马一太，2014. 空气源热泵的发展及现状分析[J]. 制冷技术，34（1）：42-48.

李伟，2015. 玉米秸秆气化集中供气技术分析与集成模式研究[D]. 郑州：河南农业大学.

李延庆，2013. 中国农村家庭能源消费结构研究[D]. 大连：大连理工大学.

李悦，2019. 北方农村地区“煤改气”取暖生命周期环境与经济影响集成评价研究[D]. 济南：山东大学.

李宗泰，李华，肖红波，等，2017. 北京农村生活能源消费结构及影响因素分析[J]. 生态经济，33（12）：101-104.

梁本凡，李河新，2010. 向低碳转型：中国现代化发展的新主题[C]. 现代化的机遇与挑战——第八期中国现代化研究论坛论文集：12.

林伯强，2020-11-19. 2060年中国“碳中和”目标的路径、机遇与挑战[N]. 第一财经日报（A11）.

刘彬，张懿，朱甜甜，2018. 中国与“一带一路”沿线国家能源合作问题探究[J].

东南亚纵横（5）：10-21.
刘畅，2016. 农村沼气能源开发路径研究——以鄱阳湖生态经济区为例[D]. 南昌：南昌大学.
刘华财，吴创之，谢建军，等，2019. 生物质气化技术及产业发展分析[J]. 新能源进展，7（1）：1-12.
刘黎，2016. 美国为什么反对气候变化公约[J]. 环球财经（6）：28-29.
刘美萍，2017. 县区节能改灶发展现状与推广探析[J]. 绿色科技（16）：139-140.
刘亚非，2018. 民用采暖炉具性能及污染减排效果评估分析[D]. 北京：北京化工大学.
刘亚良，2017. 关于中国农村清洁能源发展及建议的分析[J]. 农业与技术，37（3）：168-169.
刘毅，2012. 清洁行业将成为新一轮投资热点[J]. 中国洗涤用品工业（5）：53-54.
刘元玲，2019. 行胜于言：纽约气候行动峰会[J]. 中华环境（10）：16.
刘悦，2015. 河北省农村能源清洁开发利用工程技术模式解析[J]. 河北农业（7）：45-46.
刘泽鑫，余欣梅，王路，2013. 加强政策扶持　完善技术规范——推进天然气分布式能源良性发展[J]. 中国电力企业管理（5）：29-32.
刘长松，2017. 我国低碳发展的理论基础与政策导向[J]. 经济研究参考（40）：51-55.
刘志仁，2016. 基于“一带一路”的我国能源发展态势研究[J]. 甘肃社会科学（5）：223-227.
卢才武，米童，江松，等，2019. “一带一路”区域非再生能源资源研究演化路径及发展趋势——以国内视角为例[J]. 资源开发与市场，35（6）：800-805.
吕玉兰，2019. 城镇化背景下中国能源消费问题的多尺度时空分析[D]. 济南：山东大学.
马贵凤，李载驰，雷仲敏，2019. “一带一路”主要能源合作国家识别及投资环境评价[J]. 煤炭经济研究（5）：45-54.
马立新，田舍，2006. 我国地热能开发利用现状与发展[J]. 中国国土资源经济（9）：19-22.

马蕊，2016. 新能源安全观视野下我国能源安全战略选择的研究[D]. 重庆：西南政法大学.
马涛，庞莉，胡国斌，2018. 空气源热泵在北京市农村“煤改电”中的经济效益分析[J]. 农电管理（1）：33-34.
马伟斌，龚宇烈，赵黛青，等，2016. 我国地热能开发利用现状与发展[J]. 中国科学院院刊，31（2）：199-207.
毛建斌，2011. 农村可再生能源开发利用问题的思考[J]. 甘肃农业，5（5）：7.
能源基金会， 2020-12-15. 中国现代化的新征程：“十四五”到碳中和的新增长故事[DB/OL]. https：//max. book118. com/html/2020/1215/8140042077003026. shtm.
潘超，2016. 泰国投资项目风险管理研究[J]. 中国商论（28）：115-116，118.
庞忠和，胡胜标，汪集旸，2012. 中国地热能发展路线图[J]. 科技导报，30（32）：18-24.
彭桂云，周宇昊，郑文广，等，2019. 多能互补分布式能源技术[M]. 北京：中国电力出版社.
钱伯章，2006. 世界可再生能源发展趋势[J]. 节能，25（2）：60.
潜旭明，2017. “一带一路”倡议背景下中国的国际能源合作[J]. 国际观察（3）：129-146.
秦静，2014. 天津农村生态文明建设现状及路径研究[J]. 天津农业科学（6）：40-44.
清华大学建筑节能研究中心，2016. 中国建筑节能年度发展研究报告2016[M]. 北京：中国建筑工业出版社.
冉毅，王超，刘庆玉，2014. 农村户用生物质炉具使用现状、问题及对策[J]. 农业工程技术（2）：20-23.
沈义，2014. 我国太阳能的空间分布及地区开发利用综合潜力评价[D]. 兰州：兰州大学.
师华定，齐永青，刘韵，2010. 农村能源消费的环境效应研究[J]. 中国人口·资源与环境，20（8）：148-153.
石泽，2015. 能源资源合作：共建“一带一路”的着力点[J]. 新疆师范大学学报（哲学社会科学版），36（1）：68-74.
石祖梁，李想，王飞，等，2017. 我国东北地区农村生活能源消费结构与变化趋势分析[J]. 中国农业资源与区划，38（8）：122-127.
宋戈，2010. 新农村能源利用与开发[M]. 北京：中国社会出版社.
宋玉琴，毕阳，2016. 节能砖与农村节能建筑市场转化项目[J]. 公共服务与管理（7）：42-44.
孙李平，2012-12-3. 可再生能源助力实现国家战略目标[N]. 中国能源报（1）.
孙若男，杨曼，苏娟，等，2020. 我国农村能源发展现状及开发利用模式[J]. 中国农业大学学报，25（8）：163-173.
孙振锋，2018. 河北省农村太阳能光热+清洁能源取暖技术模式分析[J]. 河北农机（4）：18.
田宜水，2016. 2015年中国农村能源发展现状与展望[J]. 中国能源，38（7）：25-29.
佟继良，2020-11-16. “碳中和”目标下，构建农村清洁能源体系正当时[N]. 中国能源报（4）.
佟圣胤，2015. 凤城市成型燃料炊事采暖试点项目推广经验探析[J]. 经营管理（12）：52-53.
佟昕，董媛媛，2012. 我国风能资源与风电产业发展[J]. 节能科技（6）：25-27.
汪集暘，龚宇烈，陆振能，等，2013. 从欧洲地热发展看我国地热开发利用问题[J]. 新能源进展，1（1）：1-6.
汪琳，尹传凯，2016. 中国能源消费现状分析及政策研究[J]. 商场现代化（6）：237-238.
王秉忱，2012. 我国浅层地热能开发现状与发展趋势（二）[J]. 供热制冷（1）：56-57.
王晨，2018. 农村可再生能源发展利用问题与解决措施[J]. 农业工程技术，38（8）：40.
王飞，蔡亚庆，仇焕广，2012. 中国沼气发展的现状、驱动及制约因素分析[J]. 农业工程学报，28（1）：184-189.
王红彦，2012. 秸秆气化集中供气工程技术经济分析[D]. 北京：中国农业科学院.
王金宝，梁丽珍，2013. 山西阳泉市农村可再生能源的现状与思考[J]. 农业工程技术：新能源产业，1（1）：8.

王敬华，2014. 山东省能源消费分析及其优化策略[J]. 中国人口·资源与环境，24（11）：51-59.

王久臣，刘杰，2017. “一带一路”沿线国家农村能源技术评估[M]. 北京：中国农业科学技术出版社.

王久臣，2019. 农村能源典型模式[M]. 北京：中国农业出版社.

王蕾，2013. 我国公共安全立法亟待解决的问题[J]. 经济师（11）：69-71，73.

王丽珊，2018. 浅谈我国低碳发展理论基础及政策导向[J]. 资源节约与环保（9）：132.

王丽维，2019. 我国农村能源发展的问题及对策[J]. 现代农业（2）：49-50.

王美昌，徐康宁，2016. “一带一路”国家双边贸易与中国经济增长的动态关系——基于空间交互作用视角[J]. 世界经济研究（2）：101-110.

王明友，宋卫东，吴今姬，等，2014. 生物质燃料固化成型技术研究进展[J]. 安徽农业科学，42（26）：9099-9100.

王全辉，2015. 节能砖与农村节能建筑市场转化项目在我国农村示范推广取得显著成果[J]. 砖瓦世界（8）：5-6.

王饶，2016. 清洁燃烧炉具补贴政策执行中的问题及对策建议——以河北省任丘市为例[J]. 农村经济与科技（16）：29-30.

王绍锋，张洪勋，胡磊闯，2019. “一带一路”沿线国家清洁能源投资区位选择研究[J]. 国际工程与劳务（1）：51-54.

王卫星，2015. “一带一路”前瞻——全球视野下的“一带一路”：风险与挑战[J]. 人民论坛·学术前沿（9）：4-18.

王霞，2019. 液化天然气在农村煤改气的应用分析[J]. 煤气与热力，39（10）：28-31，46.

王玉梅，2019. 新型多级清洁燃烧炉具在小区域集中供暖中的运用[J]. 中国煤炭，45（5）：73-78，117.

王震，2017. 能源合作在“一带一路”建设中的引领示范作用[J]. 人民论坛·学术前沿（9）：46-53.

王志峰，原郭丰，2016. 分布式太阳能热发电技术与产业发展分析[J]. 中国科学院院刊，31（2）：182-190.

王忠华，2015. 生物质气化技术应用现状及发展前景[J]. 山东化工，44（6）：

71-73.
韦梦，2016. 老挝电力产业发展政策研究[D]. 南宁：广西民族大学.
魏殿生，李志伟，刘宏，等，2006. 发展生物质能源，中国林业在行动[J]. 中国林业产业（5）：8-13.
翁天航，2013. 燃料乙醇产业竞争力的国际比较及发展前景预测[D]. 杭州：浙江大学.
翁孝成，2017. 对农村可再生能源利用与发展的探究[J]. 种子科技，35（8）：33.
邬龙，孙蕊，2018. 中国与“一带一路”沿线国家能源贸易竞争性及互补性分析[J]. 生产力研究（11）：77-81.
毋俊芳，2013. 泽州县发展农村清洁能源的实践与探讨[J]. 农业工程技术（新能源产业）（8）：21-23.
吴新雄，2014. 地热能开发利用大有可为[J]. 中国科技投资（11）：5.
武魏楠，2020. 喧哗与骚动：碳中和战略反思[J]. 能源（11）：16-18.
萧河，2019. 我国能源消费结构加速从生产用能向生活用能转变[J]. 中国石化，409（10）：77.
谢伦裕，常亦欣，蓝艳，2019. 北京清洁取暖政策实施效果及成本收益量化分析[J]. 中国环境管理，11（3）：87-93.
徐国政，2016. 碳约束下中国能源消费结构优化研究[D]. 北京：中国矿业大学.
徐文勇，李景明，王久臣，等，2016. 我国沼气发展的区域差异及影响因素分析[J]. 可再生能源，34（4）：628-632.
徐彦明，2014. 中国节能砖与可持续发展[J]. 砖瓦世界（5）：11-18.
徐燕杰，曹园媛，2010. 顺应全球经济发展新趋势：中国的低碳之路[J]. 商业文化（学术版）（10）：105-106.
薛静静，史军，2019. 中国清洁能源技术创新助推共建“一带一路”[J]. 北方经济：学术版（4）：33-36.
闫放，2013. 生物质气化燃气特性及安全技术研究[D]. 沈阳：东北大学.
杨波，谭章禄，2011. 我国可再生能源发展路线浅析[J]. 开发研究（4）：64-67.
杨翠柏，2008. 印度能源政策分析[J]. 南亚研究（2）：55-58.
杨帆，2019. 实施乡村振兴战略中面临的问题及其解决路径[D]. 沈阳：中共辽宁省委党校.

杨力，董跃，张永发，等，2006. 中国焦炉煤气利用现状及发展前景[J]. 能源与节能（1）：1-4.

杨茹茹，2019. 新时代中国特色社会主义乡村振兴战略研究[D]. 大庆：东北石油大学.

佚名，2017. 国家发展改革委和农业部印发《全国农村沼气发展“十三五”规划》[J]. 能源研究与利用（2）：12.

殷剑，周赞，2014. 试析我国风能发展和利用前景[J]. 科技创业家（2）：159.

于航，周林，袁鹏，2009. 中国燃料乙醇产业发展概况[J]. 粮食与食品工业，16（4）：34-37.

禹元，2013. 农村可再生能源开发利用现状及存在的问题与应对措施[J]. 北京农业（9）：278.

郁聪，2005. 从生活方式选择对能源需求的影响看节能的重要意义[C]. 九寨天堂国际环境论坛：96-101.

云永飞，邵宗义，姚登科，2018. 河北省“煤改气”“煤改电”冬季运行费用对比分析[J]. 区域供热（4）：79-82.

詹麒，崔宇，2010. 我国地热资源开发利用现状与前景分析[J]. 理论月刊（8）：170-172.

张彩庆，郑金成，臧鹏飞，等，2015. 京津冀农村生活能源消费结构及影响因素研究[J]. 中国农学通报，31（19）：258-262.

张成，2012. 改革开放以来我国经济增长波动的实证分析[J]. 中国电子商务（16）：183-184.

张慧，2018. 呼和浩特市农村清洁能源冬季采暖技术集成模式研究[J]. 现代农业科技（11）：184-185.

张俊杰，江华，郭奕宏，等，2019. 基于能源产业链协同发展的清洁能源管理与实践[J]. 管理观察（13）：46-47，51.

张兰英，2019. 乡村振兴战略的理论内涵与实践路径[J]. 管理观察（18）：62-63.

张莉，2014. “一带一路”战略应关注的问题及实施路径[J]. 中国经贸导刊，27（18）：13.

张锐，2017. 中国农村能源消费的结构升级路径研究[D]. 上海：上海交通大学.

张诗斌，安谋勇，2011. 煤炭企业节能减排工作刍议[J]. 现代企业教育，10

（10）：91.
张颂心，2019. 我国农村可再生能源产业化：现状・案例与对策[J]. 安徽农业科学，47（18）：256-258，261.
张天柱，李国新，2017. 美丽乡村规划设计概论与案例分析[M]. 北京：中国建材工业出版社.
张文彬，蔡葆，徐艳丽，2010. 我国生物燃料乙醇产业的发展[J]. 中国糖料（3）：58-67.
张无敌，田光亮，尹芳，等，2014. 农村能源概论[M]. 北京：化学工业出版社.
张嵎喆，杨威，2013. 2013年上半年高技术产业发展形势分析[J]. 中国投资（7）：68-70.
张赟，2008. 能源公用事业立法问题研究[D]. 济南：山东大学.
张正，张兰玉，2013. 浅谈浅层地热能及其开发利用的建议[J]. 安徽地质（3）：231-233.
章永松，柴如山，付丽丽，等，2012. 中国主要农业源温室气体排放及减排对策[J]. 浙江大学学报，38（1）：91-107.
赵士永，强万明，付素娟，2017. 村镇绿色小康住宅技术集成[M]. 北京：中国建材工业出版社.
郑崇伟，2011. 全球海域风能资源储量分析[J]. 中外能源，16（7）：37-41.
郑阳，2018. "一带一路"战略对经济发展的影响分析[J]. 经贸实践（23）：59.
中关村国际环保产业促进中心，2007. 新农村能源与环保战略[M]. 北京：人民出版社.
中国能源发展战略研究组，2014.中国能源发展战略选择[M]. 北京：清华大学出版社.
中国能源研究会，2016. 中国能源展望2030[M]. 北京：经济管理出版社.
中华人民共和国农业部，2007. 农业和农村节能减排十大技术：节能减排（农村篇）[M]. 北京：中国农业出版社.
仲新源，2016-4-5. 2015年中国风电装机容量统计简报[EB/OL]. http：//www.cnenergy. org.
舟丹，2019. 我国的风能资源[J]. 中外能源（7）：73.
周炫，2014. 我国目前节能砖生产和使用现状[J]. 砖瓦世界（5）：19-21.

周逸江，2020. 国际组织自主性与全球气候治理中的联合国——聚焦2019年联合国气候行动峰会[J]. 国际论坛（5）：78-98，160.

朱立志，2011. 农村能源建设要多管齐下[J]. 中国农业信息（9）：8.

朱瑞兆，2004. 中国风能资源的形成及其分布[J]. 科技中国（11）：65.

朱雄关，张帅，杨淞婷，2018. "一带一路"背景下中国与沿线国家能源上下游领域合作研究[J]. 昆明学院学报，40（1）：72-78.

邹晓霞，万云帆，李玉娥，等，2010. 我国农村太阳能资源利用节能减排效果研究[J]. 可再生能源，28（3）：93-98.

APICHONNABUTR W，TIWARY A，2018. Trade-offs between economic and environmental performance of anutonomous hybrid energy system using micro hydro[J]. Applied Energy，226：891-904.

ARUNDHATI J，PUNEET D，2018. In the hearth，on the mind：Cultural consensus on fuelwood and cookstoves in the middle Himalayas of India [J]. Energy Research & Social Science，37：44-51.

BIJAY B P，BUNDIT L，2017. Electric and biogas stoves as options for cooking in nepal and thailand[J]. Energy Procedia，138：470-475.

CHATCHAWAN C，WONGKOT W，DET D，et al.，2017. Promoting community renewable energy as a tool for sustainable development in rural areas of Thailand[J]. Energy Procedia，141：114-118.

ERIC B，ARTHUR P J M，2013. Market-based biogas sector development in least developed countries—the case of Cambodia[J]. Energy Policy，63：44-51.

INAYATULLAH J，SABIR U，WAQAR A，et al.，2017. Adoption of improved cookstoves in Pakistan：A logit analysis [J]. Biomass and Bioenergy，103：55-62.

JASMINE H，ROB B，2018. Assessment of the Cambodian National Biodigester Program[J]. Energy for Sustainable Development，46：11-22.

JOHN L F，PAUL T，SIMON J S，et al.，2016. Agricultural residue gasification for low-cost，low-carbon decentralized power：An empirical case study in Cambodia[J]. Applied Energy，177：612-624.

KENJI K，HISAE T，TATSUYA H，et al.，2018. Life cycle environmental and economic analysis of regional-scale food-waste biogas production with digestate nutrient management for fig fertilisation[J]. Journal of Cleaner Production，190：552–562.

NATTAPONG K，PILADA W，ANUWAT J，2019. Charcoal briquettes from madan wood waste as an alternative energy in Thailand[J]. Procedia Manufacturing，30：128–135.

PHUSRIMUANG J，WONGWUTTANASATIAN T，2016. Improvements on thermal efficiency of a biomass stove for a steaming process in Thailand[J]. Applied Thermal Engineering，98：196–202.

REBECCA L H，KEVIN M C，2011. Solar powered light emitting diode distribution in developing countries：An assessment of potential distribution sites in rural Cambodia using network analyses[J]. Socio-Economic Planning Sciences，45：48–57.

SAMER A，CRISPIN P，2018. For cook and climate：Certify cookstoves in their contexts of use[J]. Energy Research & Social Science，44：196–198.

SOMPOL K，APICHART M，CHAIWAT P，et al.，2018. Design and preliminary operation of a hybrid syngas/solar PV/battery power system for off-grid applications：A case study in Thailand [J]. Chemical Engineering Research and Design，131：346–361.

SUTHEE T，WEERIN W，SIRIPHA J，et al.，2017. Thailand energy outlook for the Thailand Integrated Energy Blueprint（TIEB）[J]. Energy Procedia，138：399–404.

VIBOL S，THARITH S，VIN S，et al.，2012. Economic and environmental costs of rural household energy consumption structures in Sameakki Meanchey district，Kampong Chhnang Province，Cambodia[J]. Energy，48：484–491.

WANG M Y，SONG W D，WU J J，et al.，2016. Research progress of biomass fuel composite molding technoligy[J]. Agricultural Science & Technology，17（1）：175–177.